技工院校工学一体化课程教学资源
技工院校多媒体制作专业工学一体化教材

# 视频作品的录制
# 工作页

主编　韩　琨

## 学习任务一
## 单机位口播视频的录制

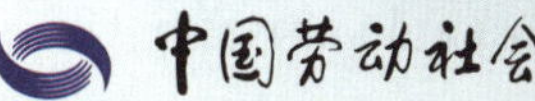

中国劳动社会保障出版社

## 简介

本书为技工院校多媒体制作专业“视频作品的录制”工学一体化课程的工作页，依据《多媒体制作专业国家技能人才培养工学一体化课程标准》编写，供各地技工院校开展工学一体化教学使用。

本书主要包括单机位口播视频的录制、双机位人物访谈视频的录制、多机位活动视频的录制三个学习任务，每个学习任务包含获取信息、制订计划、做出决策、实施计划、过程控制、评价反馈六个学习环节。

完成本书中学习任务所需的相关素材可通过技工教育网（https://jg.class.com.cn）下载并使用。

**图书在版编目（CIP）数据**

视频作品的录制工作页 / 韩琨主编 . -- 北京 : 中国劳动社会保障出版社，2025. --（技工院校工学一体化课程教学资源）（技工院校多媒体制作专业工学一体化教材）. -- ISBN 978-7-5167-7093-1

Ⅰ. TP37

中国国家版本馆 CIP 数据核字第 2025EZ5562 号

**视频作品的录制工作页**

SHIPIN ZUOPIN DE LUZHI GONGZUOYE

中国劳动社会保障出版社出版发行

（北京市惠新东街 1 号　邮政编码：100029）

*

北京市艺辉印刷有限公司印刷装订　　新华书店经销

880 毫米 ×1230 毫米　16 开本　18.75 印张　409 千字

2025 年 7 月第 1 版　　2025 年 7 月第 1 次印刷

**定价：49.00 元**

营销中心电话：400-606-6496

出版社网址：https://www.class.com.cn

https://jg.class.com.cn

# 技工院校工学一体化课程教学资源
# 技工院校多媒体制作专业工学一体化教材

## 开发院校


牵头院校：北京市工艺美术技师学院

参与院校：山东水利技师学院　安徽阜阳技师学院


## 指导专家


张利芳　陈海娜　马　琳


## 本书编审人员


主　　编：韩　琨

参　　编：刘　意　刘　朝　杨　敏　于　鑫　岳珊珊　陈一民　唐　盼

审　　稿：李　飞　郝金亭

指　　导：马　琳　陈海娜

# 序

技工教育的本质是就业教育，其最显著的特征是职业性，其最好的培养模式就是“在工作中学习、在学习中工作”。培育大批高技能人才，既要适应新一轮科技革命和产业变革的需要，也要遵循技能人才成长发展规律，创新技能人才培养方式。推进工学一体化技能人才培养模式改革是推进校企融合、提质培优的重要途径，是技工院校服务制造业和实体经济发展的务实举措。

2009 年，人力资源社会保障部办公厅印发了《技工院校一体化课程教学改革试点工作方案》，分三批在部分技工院校试点开展工学一体化课程教学改革工作，到 2021 年已经覆盖 31 个专业 191 所部级试点院校。经过十多年的发展，理念得到认同、试点不断扩大、学生学习兴趣明显提高，取得了显著成效。2022 年 3 月，人力资源社会保障部印发了《推进技工院校工学一体化技能人才培养模式实施方案》，提出在全国技工院校大力推进工学一体化技能人才培养模式，实现百个专业、千所院校、万名教师的“百千万”工作目标，以促进技工院校人才培养模式变革、提升技能人才培养质量、带动形成技工院校改革创新新局面。

新一轮工学一体化课程教学改革开展聚焦“课程标准”“课程资源”“教师培养”三项重点工作，为持续推进技工院校工学一体化技能人才培养模式实施奠定了坚实基础。印发《〈国家技能人才培养工学一体化课程标准〉开发技术规程》，出版《工学一体化课程开发指导手册》，分三阶段指引完成 103 个专业国家技能人才培养工学一体化课程标准与课程设置方案开发；编制《工学一体化课程教学资源开发指南》，开发第一批 14 个专业 37 门课程工学一体化课程教学资源；印发《技工院校工学一体化教师培训标准》，出版《工学一体化教师培训指导手册》，依托工学一体化教师培训基地培育师资队伍；印发《技工院校工学一体化课堂、课程、专业、院校建设标准》，出版《工学一体化课程教学实施指导手册》，指引 1 000 所技工院校对标开展工学一体化优质课堂、精品课程、示范专业、骨干院校的建设工作，实现以评促建的目标。

教材建设是教学改革成果固化的重要载体。本次工学一体化课程教学资源按照工作逻辑呈现实践、理论知识和素养，遵循工作过程六步法，从工作向“工作 + 学习”融合，通过引导问题层层递进，实现“输入—内化—输出—考核”的学习闭环，突出学生心智技能和思维的培养，强调学生个人成长的积累。近年来，通过指导专家、几百位试点院校的骨干教师以及编辑团队共同努力，产出了教学指导用书、工作页及答案、信息页及数字资源等形式的系列教材学材，以满足技工院校的教学使用需求。

本系列教材及配套资源的出版，不仅是对本轮技工院校工学一体化技能人才培养模式改革工作的阶段性总结，也是打通从课程标准到课堂实施最后一公里的全新尝试，意义深远。希望全国技工院校将推行工学一体化技能人才培养模式作为创新人才培养模式、提高人才培养质量的重要抓手，为加快培养具有良好工作思维与习惯、自主学习意识与能力、精湛专业技艺与技能的复合型技能人才作出新的更大贡献！

技工教育和职业培训教学指导委员会

2025 年 4 月

# 目录

# 学习任务一
# 单机位口播视频的录制

## 任务描述

### 任务情境

某传媒公司的摄影摄像部门接到一家儿童服装厂的委托，为一件女童冬季服装拍摄推广视频，该视频将投放于各类短视频平台，用于服装宣传推广，以提高产品销量。但该服装厂预算有限，摄影摄像部门结合视频投放平台与预算，提出使用手机作为录制设备，以单机位口播视频的形式进行录制。

助理摄像师从摄像师处接到上述任务后，按照任务五要素沟通法与摄像师进行有效沟通，明确工作时间和交付要求。解读女童冬季服装推广口播稿并提取口播稿中的关键词，获取单机位口播视频录制的相关信息。梳理单机位口播视频录制的工作流程，搜集并分析同类视频范例，前往录制场地进行实地考察，制定录制思路，编写文字录制脚本，制定录制设备清单。通过绘制画面分镜头并进行模拟录制，检验录制脚本的可行性，及时与摄像师沟通并做出调整。录制当天，助理摄像师需提前抵达现场，按照任务要求布置录制场地，领取录制设备。根据主播的站位，架设手机、灯光、提词器等录制设备。调整景别、角度和录制参数，引导主播按照解说词对口播短视频进行分段录制。样片经检查无误后，交由摄像师审核，根据反馈意见进行补录，直至审核通过。将格式为MP4的高清成片交付摄像师，最后参照企业标准规范，完成视频文件的命名、存储和归档工作。

在整个工作过程中，需严格遵守企业质量体系管理制度、6S管理制度等企业管理规定，以及《中华人民共和国著作权法》等法律法规，杜绝违法、违规、侵权等行为。

### 任务要求

1. 录制的视频为竖画幅，宽高比为9∶16，分辨率为1 920像素 ×1 080像素，帧率为25帧/秒，编码格式为H.264，文件格式为MP4，单个视频素材大小不超过400 MB。录制的视频素材应内容完整、结构清晰、信息准确、主题突出，视频时长不得超过两分钟。

2. 视频中的主播需状态良好、姿势得体；口播流畅，语速适中。

3. 视频内容不得涉及侵权、违法违规行为，必须符合《中华人民共和国著作权法》等相关法律法规。

4. 视频画面要稳定清晰，无抖动、歪斜、模糊、失焦等问题；构图和景别要合理，主体位置摆放恰当；视频画面曝光要适中，亮度分布均匀；色温、色调要合适，颜色显示准确；不同段落的画面在光线、色调上需保持一致。

5. 视频声音录制要清晰，音量大小合适，无背景噪声、录制杂音等干扰。

6. 所有视频素材源文件需完整无损坏，文件命名要规范，层级结构要合理，并对文件进行归档存储和备份。

## 任务资料

### 女童冬季服装推广口播稿

**开场白：** 嗨，亲爱的家长们，欢迎来到我们的直播间！冬天已经悄然而至，在这个如童话般美好的季节里，我们为您家的小公主精心准备了一款既保暖又梦幻的冬季连衣裙！

**产品亮点：** 大家看，这款连衣裙采用了高级的保暖面料，外层触感细腻柔软，内里采用加绒设计，穿上它，宝贝仿佛被一层温暖的云朵所包围。裙身点缀着精致的蕾丝花边，轻盈又优雅；漂亮的泡泡袖设计，让宝贝举手投足间都洋溢着可爱的气息。

**搭配建议：** 要是再搭配上一双精致的小皮鞋和羊毛袜，您的小公主就能轻松成为冬日里最耀眼的小明星。

**结语：** 在这个寒冷的冬日，就让这款连衣裙为小公主编织一个温暖而美丽的童话世界吧。各位家长，赶快来为宝贝挑选一件心仪的连衣裙吧！

## 学习目标

1. 能解读任务要求，准确提取客户要求和录制形式，了解单机位口播视频的特征，完成任务关键信息提取表的填写。

2. 能明确单机位口播视频与口播稿之间的关系，解读单机位口播视频的口播稿内容，准确提取口播稿中的关键词。

3. 能检索并筛选出优秀的单机位口播视频案例，分析这些视频案例在构图、景别、布光等拍摄要素方面的特点，完成单机位口播视频案例录制思路分析表的填写。

4. 能前往现场进行勘景，明确录制场地的使用时间，准确记录录制场地的空间布局、灯光设施情况、电源位置及数量。制定出符合要求的单机位口播视频录制思路，编写单机位口播视频的文字录制脚本，明确录制流程与所需的录制设备。

5. 能绘制画面分镜头，并开展情境模拟录制，确保景别和拍摄手法与任务主题相契合。

6. 能根据录制方案，规范地领取并归还拍摄设备。

7. 能制定符合录制任务主题的场景布置方案，并对录制现场进行置景。

8. 能依据录制脚本与任务要求架设机位，调整单机位口播视频录制设备。

9. 能实时引导主播按照录制脚本进行单机位口播视频的分段式录制，实时监控录制画面，确保录制素材准确。

10. 能根据单机位口播视频拍摄要求，对初录的视频素材进行全面检查、筛选与审核。根据摄像师给出的反馈意见安排补录，对视频素材进行命名和备份，按照交付要求交付相关素材。

11. 能依据任务录制流程进行任务回顾，梳理其中的技术要点，开展展示交流活动，具有不断学习和持续改进的意识。

## 建议学时

60 学时

## 学习路径

学习任务　学习环节　学习步骤及学生活动

**单机位口播视频的录制**

- **获取信息**
  - 明确单机位口播视频录制的任务要求
    - 明确单机位口播视频的特征
    - 设计单机位口播视频的沟通提纲
    - 沟通单机位口播视频的任务要求
    - 解析单机位口播视频的录制方式
  - 提取单机位口播视频口播稿中的关键词
    - 明确单机位口播视频与口播稿的关系
    - 提取单机位口播视频的关键词
    - 展示评价
- **制订计划**
  - 梳理录制单机位口播视频的工作流程
  - 搜集并筛选同类优秀的单机位口播视频案例
    - 搜集同类单机位口播视频
    - 筛选优秀的单机位口播视频案例
  - 分析优秀单机位口播视频案例的录制思路
    - 填写单机位口播视频录制思路的组成要素
    - 分析优秀单机位口播视频案例的摄像景别
    - 分析优秀单机位口播视频摄像案例的基本构图
    - 分析优秀单机位口播视频摄像案例录制光源的种类及使用场景
  - 勘察单机位口播视频录制现场情况
    - 明确单机位口播视频勘景时的安全注意事项
    - 制作单机位口播视频录制现场勘景要点
    - 编写单机位口播视频现场勘景交流提纲
    - 进行单机位口播视频现场勘景
  - 制定单机位口播视频的录制思路
    - 制定单机位口播视频录制思路框架
    - 编写单机位口播视频的文字录制脚本

评价单机位口播视频文字录制脚本

制定单机位口播视频录制方案的设备清单

制定单机位口播视频录制流程

单机位口播视频的录制

- 做出决策
  - 验证单机位口播视频的录制脚本
    - 绘制单机位口播视频画面分镜头
    - 验证单机位口播视频的录制脚本分镜头
  - 展示评价
- 实施计划
  - 布置单机位口播视频录制场地
    - 梳理单机位口播视频录制场地布置的操作要求
    - 布置单机位口播视频录制场地
  - 领取并检查单机位口播视频的录制设备
    - 填写录制设备领取单
    - 领取单机位口播视频的录制设备
  - 架设单机位口播视频的录制机位
    - 掌握手机辅助录制工具的操作方法
    - 架设单机位口播视频录制机位
  - 布置单机位口播视频的录制灯光
    - 整理单机位口播视频录制的布光技巧
    - 布置单机位口播视频录制场地灯光

单机位口播视频的录制

- 展示与评价单机位口播视频录制现场布置成果
- 进行单机位口播视频的录制设备器材操作演练
  - 解析手机的摄像功能
  - 掌握手机摄像曝光和白平衡控制方法
- 录制单机位口播视频
- 展示单机位口播视频录制成果

**过程控制**

- 检查单机位口播视频的录制素材
- 实施单机位口播视频问题素材的补录
- 整理和归还单机位口播视频的录制场地
  - 整理录制场地
  - 归还单机位口播视频录制场地
- 归档并备份单机位口播视频素材
  - 了解企业视频文件资料的管理标准规范
  - 复制与备份单机位口播视频素材
  - 实施视频文件的标签编号法
  - 整理视频素材
- 归还录制设备并交付视频素材
  - 保养录制设备
  - 归还单机位口播视频录制设备
  - 交付单机位口播视频素材

**评价反馈**

- 梳理单机位口播视频录制任务的技术要点
- 进行单机位口播视频录制工作反思
  - 回顾单机位口播视频录制任务
  - 进行单机位口播视频录制经验分享

# 学习环节一　获取信息

## 学习目标

1. 能依据任务五要素解读任务要求，与教师沟通单机位口播视频的客户要求和录制形式，了解单机位口播视频的特征，完成任务关键信息提取表的填写。

2. 能明确单机位口播视频与口播稿之间的关系，解读单机位口播视频的口播稿内容，准确提取口播稿中的关键词。

## 建议学时

6 学时

## 学习要求

| 序号 | 学习步骤 | 学习内容 | 学时 |
|---|---|---|---|
| 1 | 明确单机位口播视频录制的任务要求 | 1. 口播视频的风格特征（理论）<br>2. 任务五要素沟通法（理论）<br>3. 手机摄像应用场景的识别（实践）<br>4. 理解与表达能力（素养） | 4 |
| 2 | 提取单机位口播视频口播稿中的关键词 | 口播稿关键信息的解读（实践） | 2 |

### 一、明确单机位口播视频录制的任务要求

#### （一）明确单机位口播视频的特征

1. 根据任务情境得知本次任务需录制单机位口播视频，观看“单机位口播视频案例”相关素材，阅读信息页中的“单机位口播视频的概念、特征与风格类型”相关资料，完成以下问题。

（1）学习单机位口播视频的概念有关资料，完成下方填空。

单机位口播视频是指使用__________进行拍摄、以人物面对镜头讲话为主要形式的视频。这种视频可以直接向观众传达______和______。相比于文字、图片等其他表达方式，口播视频更能激发观众的兴趣，引发共鸣，带来更好的传播效果。单机位口播视频的拍摄和制作通常只需要一部________或______________________即可完成。口播视频在互联网上广泛流行，内容涵盖知识分享、产品推广、经验交流、教育内容、个人日记、感悟抒发等诸多领域。

（2）阅读信息页中的“单机位口播视频的特征”相关资料，观看“单机位口播视频案例”相关素材，从视频的内容、风格等方面独立思考，梳理单机位口播视频的特征，将图 1-1-1 补充完整。

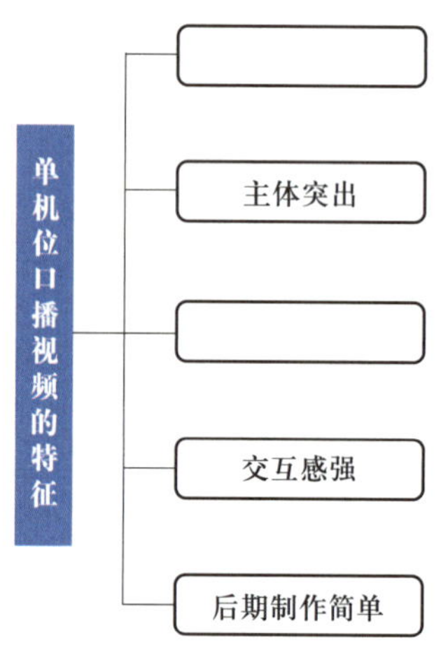


图 1-1-1　单机位口播视频的特征

2. 单机位口播视频的内容形式多样，如科普类、推广类、娱乐类等。查阅信息页中的“口播短视频的类型”相关资料，通过小组合作，整理主流的单机位口播视频的录制类型，在下方横线上列出，并判断本次录制任务的视频类型。

________________________________________________________________________

________________________________________________________________________

________________________________________________________________________

________________________________________________________________________

## （二）设计单机位口播视频的沟通提纲

1. 为确保工作任务顺利完成，精准把握任务核心信息至关重要。任务五要素沟通法是一种高效的沟通手段，有助于与客户进行明确、有效的任务沟通。阅读信息页中的“任务五要素沟通法”相关资料，听取教师讲解，了解任务五要素沟通法的定义，记录任务五要素的特征，完成以下问题。

（1）任务五要素沟通法是一种在团队或组织中进行__________和任务分配的方法。任务五要素沟通法的核心在于明确任务的5个基本方面：____________、________________、________________、

______________、____________，旨在确保信息在团队成员之间准确无误地传达，以提高__________和任务完成的质量。任务五要素沟通法能让团队成员更全面地理解任务要求，减少误解和错误，提高工作效率，适用于各种规模的团队和组织，无论是日常工作任务还是复杂的项目执行，都能发挥其作用。

（2）明确任务五要素的特点，将表 1–1–1 所示任务五要素与对应的特点用线进行连接。

表 1–1–1　　任务五要素的特点

| 任务五要素 |
|---|
| 谁（Who） |
| 做什么（What） |
| 在哪里（Where） |
| 何时（When） |
| 为什么（Why） |

| 特点 |
|---|
| 设定任务的截止日期或时间表 |
| 解释任务的目的和重要性 |
| 明确任务的责任人或参与者 |
| 指出任务执行的地点或所需的资源 |
| 具体描述需要完成的任务内容 |

2. 根据任务描述中的任务要求，结合任务五要素沟通法的特点，分析任务情境和任务要求中的信息与任务五要素是否对应，提取本学习任务的五要素，填写在表 1–1–2 中。

表 1–1–2　　任务五要素提取

| 序号 | 任务要素 | 信息内容 | 任务描述与任务要求中是否体现 |
|---|---|---|---|
| 1 | 谁 | | □是　□否 |
| 2 | 做什么 | | □是　□否 |
| 3 | 在哪里 | | □是　□否 |
| 4 | 何时 | | □是　□否 |
| 5 | 为什么 | | □是　□否 |

3. 根据表 1–1–2 中获取的信息，阅读信息页中的“沟通话术题库”相关资料，进行小组讨论。从信息页中的“沟通话术题库”相关资料中选择合适的沟通问题，对任务情境与任务要求中已呈现的任务要素予以确认，对尚未体现的任务要素加以明确，并填写至表 1–1–3 中。

表 1–1–3 本任务的沟通提纲

| 序号 | 任务要素 | 本任务要素 | 需确认关键信息 | 待获取关键信息 |
|---|---|---|---|---|
| 1 | 谁 | 参与任务人员 | | |
| 2 | 做什么 | 录制主题与内容、录制形式、录制要求 | | |
| 3 | 在哪里 | 录制设备、录制场地 | | |
| 4 | 何时 | 拍摄开始时间、拍摄截止时间、录制场地使用时间、素材提交时间 | | |
| 5 | 为什么 | 任务的目的及意义 | | |

## （三）沟通单机位口播视频的任务要求

根据表 1–1–3 所示本任务的沟通提纲，与教师沟通，根据获取的任务关键信息，填写表 1–1–4。

表 1–1–4 任务关键信息提取

| 序号 | 任务要素 | 关键信息 | 内容 |
|---|---|---|---|
| 1 | 谁 | 负责人 | |
| | | 参与者 | |
| 2 | 做什么 | 录制主题 | |
| | | 录制内容 | |
| | | 录制形式 | |
| | | 技术要求 | |
| | | 画质要求 | |
| 3 | 在哪里 | 录制设备存放位置 | |
| | | 录制场地 | |
| 4 | 何时 | 拍摄开始时间 | |
| | | 拍摄截止时间 | |
| | | 录制场地使用时间 | |
| | | 素材提交时间 | |
| 5 | 为什么 | 任务的拍摄目的 | |

## （四）解析单机位口播视频的录制方式

1. 根据表 1–1–4 所示任务关键信息提取中的内容，本次任务将采用单机位手机摄像的方式进行视频录制。为了深入理解并熟练掌握这种录制形式，阅读信息页中的“常见的录制机位及特点”相关资料，并完成以下问题。

（1）分析常见机位的录制形式及特点，填写表 1–1–5。

表 1–1–5　常见机位的录制形式及特点分析

| 录制形式 | 机位数量 | 录制画面（角度） | 常用录制设备 |
|---|---|---|---|
| 单机位 | 1 个 | ____________、同一时间内只有一个角度的录制画面 | ________ |
| 双机位 | ______ | 两个机位同时拍摄，同一时间内有______角度的录制画面 | 摄像机、单反相机、手机 |
| 多机位 | ________ | 使用______或更多摄像机同时拍摄，同一时间内可以获得多个角度的录制画面 | 摄像机 |

（2）根据表 1–1–5 所示常见机位的录制形式及特点分析中的常用录制设备，阅读信息页中的“常见的录制设备及特点”相关资料，开展小组讨论，分析并思考不同录制设备在成本、便捷性、技术要求等各方面的特征，根据讨论结果填写表 1–1–6。

表 1-1-6　　常见录制设备的录制特征分析

| 设备 | 成本 | 便捷性 | 技术要求 | 画质 |
| --- | --- | --- | --- | --- |
| 手机 | ______ | 高 | 集成了多种拍摄和编辑功能，______ | 取决于手机硬件配置 |
| 单反相机 | ______ | ______ | ______，具有一定操作要求 | 画质高清 |
| 摄像机 | 高 | ______ | 适用于______ | ______ |

（3）根据表 1-1-4 所示任务关键信息提取和表 1-1-6 所示常见录制设备的录制特征分析，分析本次录制任务采用单机位手机拍摄作为录制形式的原因，并在下方横线上列出。

______

______

______

2. 根据手机摄像录制形式的特征，阅读信息页中的“手机摄像的应用场景及特点”相关资料，结合手机摄像的优势，勾选图 1-1-2 中可以使用手机拍摄的场景。

a) □

b) □

c) □

d) □

图 1-1-2　摄影场景

a）旅游记录　b）直播　c）大型活动记录　d）博主录制视频

## 二、提取单机位口播视频口播稿中的关键词

### （一）明确单机位口播视频与口播稿的关系

1. 口播稿是录制单机位口播视频的文字基础，单机位口播视频将口播稿的关键内容以视频形式生动呈现，实现信息的有效传达。阅读信息页中的“口播稿的定义与关键组成部分”相关资料，明确口播稿的定义和关键组成部分，完成以下问题。

（1）口播稿用于广播、电视、网络直播、视频等______________，是播音员或主持人在节目中使用的________。口播稿的主要作用是________________________________________________________________________________________________________________。

（2）将口播稿的 5 个关键组成部分在图 1-1-3 中补充完整。

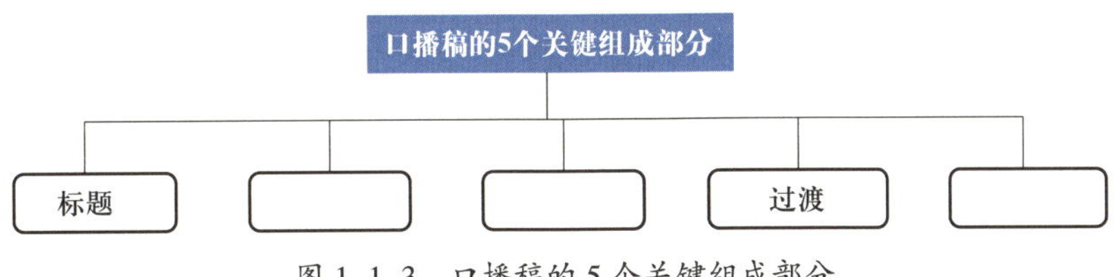


图 1-1-3　口播稿的 5 个关键组成部分

2. 观看“单机位口播视频与口播稿样例”相关素材，在教师讲解后，开展小组讨论，分析口播稿与口播视频的关联点，并将讨论结果列在下方横线上。

________________________________________________________________________

________________________________________________________________________

________________________________________________________________________

________________________________________________________________________

### （二）提取单机位口播视频的关键词

1. 口播稿中的关键词是口播稿的核心要素，它们不仅能帮助用户快速把握视频的核心内容，提高视频在搜索中的曝光率，还能增强视频的专业度和可信度。阅读信息页中的“口播稿关键词的类别及特点”相关资料，完成以下问题。

（1）口播稿关键词是指在准备和____________时，为了确保信息的________和帮助听众理解，特意挑选出来并着重强调的______或______，它们承载着________和主体要点。

（2）明确常见的口播稿关键词类别及其作用，将表 1–1–7 中的口播稿关键词类别与对应的具体描述用线进行连接。

表 1–1–7　口播稿关键词类别的具体描述

| 关键词类别 |
| --- |
| 主题关键词 |
| 情感关键词 |
| 动作关键词 |
| 时间关键词 |
| 地点关键词 |
| 数据和事实关键词 |
| 观点和评价关键词 |
| 转折和连接关键词 |
| 专业术语关键词 |

| 具体描述 |
| --- |
| 与口播稿核心主题直接相关的词汇 |
| 表达观点、态度或评价的词汇 |
| 描述具体行为或动作的词汇 |
| 特定领域或行业的专业词汇 |
| 表示事件发生地点的词汇 |
| 包含数据、统计或具体事实的词汇 |
| 用于激发听众或观众的情感反应，表达情感倾向的词汇 |
| 用于连接不同观点或信息，使语句更连贯的词汇 |
| 具有时间概念，用于表示时间相关信息的词汇 |

2. 阅读信息页中的“口播稿关键词的解读要点”相关资料，尝试从下方的服装推广短视频口播稿中画出关键词，并在下方横线上列举选取关键词的类别及选取的依据。

## 服装推广短视频口播稿

大家好，我是小小，欢迎来到我们的时尚小天地！今天我要给大家介绍一款我们店铺刚上市的连衣裙，这也是我的自留款，相信它会成为你们的新宠。

这款连衣裙的设计灵感源自当下流行的新国潮，采用纯棉面料，穿着舒适又透气。而且设计师花了一个月时间测试打版，刺绣走线精致，针脚规整，颜色搭配十分优雅，不管日常出行还是参加派对，都能让你成为焦点。最后，给大家透露个好消息，点击本视频下方链接下单，就能享受新品八折优惠。数量有限，先到先得！快来抢购你心仪的时尚单品吧！

3. 根据口播稿的关键组成部分，结合本任务的录制要求与关键词类别，独立提取本任务口播稿的关键词，填写在表 1-1-8 中。

表 1-1-8　本任务口播稿的关键词提取

| 序号 | 口播稿的关键组成部分 | 关键词类别 | 关键词 | 选取依据 |
| --- | --- | --- | --- | --- |
|  |  |  |  |  |
|  |  |  |  |  |
|  |  |  |  |  |
|  |  |  |  |  |
|  |  |  |  |  |
|  |  |  |  |  |
|  |  |  |  |  |
|  |  |  |  |  |
|  |  |  |  |  |
|  |  |  |  |  |
|  |  |  |  |  |
|  |  |  |  |  |
|  |  |  |  |  |

## （三）展示评价

在组内展示表 1-1-8 所示本任务口播稿的关键词提取，分享提取口播稿关键词的依据与想法。采用自评、组间配对互评与师评相结合的多元评价方式，完成表 1-1-9 的评价。

表 1-1-9 “单机位口播稿关键词提取”考核项目评价表

组别：

本考核项目占学习任务考核总分的 10%，可按 10 分计算

| 评价项目 | 得分（自评占比 20%、组间配对互评占比 30%、师评占比 50%） | | | | | | | | |
|---|---|---|---|---|---|---|---|---|---|
| | 自评 | 组间配对互评（学生姓名） | | | | | | | 师评 |
| | | | | | | | | | |
| 1. 单机位口播稿关键词的组成部分表述正确，计 2 分；每错误一处扣 1 分 | | | | | | | | | |
| 2. 口播稿关键词的类别与关键词对应计 3 分；每错误一处扣 1 分 | | | | | | | | | |
| 3. 关键词内容体现任务关键信息计 3 分；每错误一处扣 1 分 | | | | | | | | | |
| 4. 文字清晰可辨，不模糊或混淆，计 1 分；有所欠缺扣 0.5 分 | | | | | | | | | |
| 5. 语言简洁，表述清晰，易于理解，计 1 分；有所欠缺扣 0.5 分 | | | | | | | | | |
| 汇总得分 | | | | | | | | | |

# 学习环节二 制订计划

## 学习目标

1. 能根据任务要求，检索并筛选出优秀的单机位口播视频案例，分析这些案例的录制思路，以及构图、景别、布光等拍摄要素的特点，完成单机位口播视频案例的录制思路分析。

2. 能明确勘景时的安全注意事项，前往现场进行勘景，与场地管理人员（教师）沟通，明确录制场地的使用时间。运用手机拍照的方式，准确记录录制场地的空间布局、灯光设施情况、装修风格以及电源位置及数量。

3. 能根据任务要求，制定出符合要求的单机位口播视频的录制思路，编写单机位口播视频的文字录制脚本，明确录制流程与所需的录制设备。

## 建议学时

18 学时

## 学习要求

| 序号 | 学习步骤 | 学习内容 | 学时 |
|---|---|---|---|
| 1 | 梳理录制单机位口播视频的工作流程 | 单机位口播视频的工作流程（理论） | 0.5 |
| 2 | 搜集并筛选同类优秀的单机位口播视频案例 | 1. 同类单机位口播视频推介（实践）<br>2. 信息检索与处理能力（素养） | 2 |
| 3 | 分析优秀单机位口播视频案例的录制思路 | 1. 单机位口播视频录制思路的构成要素（理论）<br>2. 摄像景别与摄像基本构图的关系（理论）<br>3. 摄像用光的基本特征（理论） | 6 |

续表

| 序号 | 学习步骤 | 学习内容 | 学时 |
|---|---|---|---|
| 3 | 分析优秀单机位口播视频案例的录制思路 | 4. 录制光源的种类及使用场景（理论）<br>5. 单机位口播视频录制思路的分析（实践）<br>6. 分析与解决问题的能力（素养） | |
| 4 | 勘察单机位口播视频录制现场情况 | 1. 录制场地安全工作要求（理论）<br>2. 单机位口播视频录制现场勘景的要点（理论）<br>3. 视频录制场地的实况记录（实践）<br>4. 理解与表达能力（素养） | 2 |
| 5 | 制定单机位口播视频的录制思路 | 1. 单机位口播视频录制思路的编写（实践）<br>2. 单机位口播视频文字录制脚本的编写（实践）<br>3.《中华人民共和国民法典》第一编第五章民事权利中关于肖像权的规定的查阅（实践）<br>4.《中华人民共和国著作权法》第二章著作权、第五章著作权与著作权有关的权利的保护的查阅（实践）<br>5. 版权意识（素养） | 5 |
| 6 | 评价单机位口播视频文字录制脚本 | | 1 |
| 7 | 制定单机位口播视频录制方案的设备清单 | 单机位摄像辅助设备的类型（理论） | 1 |
| 8 | 制定单机位口播视频录制流程 | 单机位口播视频的录制流程（理论） | 0.5 |

## 一、梳理录制单机位口播视频的工作流程

单机位口播视频录制要遵循正确的工作流程。阅读信息页中的“单机位口播视频的工作流程和意义”相关资料，明确单机位口播视频录制的工作步骤，完成以下问题。

1. 将下方打乱的单机位口播视频录制工作步骤按照实际情况进行正确排序。

A. 口播演练　B. 脚本撰写　C. 素材交付　D. 设备准备　E. 场地布置

F. 正式拍摄　G. 质量检查　H. 素材整理　I. 现场监控　J. 策划筹备

（1）________→（2）________→（3）________→（4）________→（5）________→

（6）________→（7）________→（8）________→（9）________→（10）________

2. 明确下方具体内容所对应的单机位口播视频录制工作步骤。

（1）选择合适的拍摄场地，并进行简单布置。________

（2）检查和准备单机位拍摄所需设备，如摄像机、麦克风等。________

（3）对口播内容进行排练，熟悉台词和节奏。 ________

（4）搜集同类型视频案例，策划视频主题的表现形式。 ________

（5）依据策划方案，详细编写口播内容的脚本。 ________

（6）实时监控拍摄效果，确保画面和声音质量。 ________

（7）对拍摄完成的素材进行整理和备份。 ________

（8）检查视频的整体质量，如画面、声音等。 ________

（9）按照脚本和排练的内容，进行单机位拍摄。 ________

（10）按照任务要求，提交经检验合格的素材。 ________

## 二、搜集并筛选同类优秀的单机位口播视频案例

### （一）搜集同类单机位口播视频

1. 在策划筹备阶段，需要搜集同类单机位口播视频案例作为参考。阅读信息页中的“搜集网络素材的途径及注意事项”相关资料，完成以下问题。

（1）搜集网络素材的途径包括搜索引擎、____________、____________和视频分享平台。

（2）根据信息页中的“搜集网络素材的途径及注意事项”相关资料，将表 1-2-1 中的常见途径与对应的网站 / 应用程序 App 及特点用线进行连接。

表 1-2-1　搜集网络素材的常见途径与对应的网站 / 应用程序 App 及特点

| 常见途径 | 网站 / 应用程序 App | 特点 |
|---|---|---|
| 搜索引擎 | 百度、360 搜索 | 素材更具个性化和实时性，但质量参差不齐 |
| 社交媒体平台 | 抖音、快手、微博 | 素材水准比较高，可根据需求选择不同类型的视频，大部分需要付费 |
| 知识分享平台 | 豆瓣、花瓣网等 | 搜索范围广泛，但结果可能较为繁杂，需要进一步筛选 |
| 视频分享平台 | Bilibili、优酷等 | 能找到用户原创或分享的具有特定主题的素材 |

（3）【多选】在搜集网络视频素材作为参考时，作为单机位口播视频的助理摄像师，应注意的事项有（　　）。

A. 素材质量，应选择高清晰度、画质良好的视频素材，以确保最终作品的质量

B. 合法性，应遵守相关法律法规，不搜集涉及违法、违规内容的素材

C. 来源可靠性，应从可靠的网站或渠道搜集素材，以降低风险

D. 格式兼容性，应确保素材的格式与所使用的视频编辑软件兼容

E. 版权声明，应仔细阅读并严格遵守素材的版权声明

F. 更新时效性，应确保素材的时效性，避免使用陈旧过时的内容

G. 审查内容，应对素材内容进行审核，确保其符合创作需求和目标受众的喜好

2. 根据表 1-1-4 所示任务关键信息提取中本任务的关键信息，以及梳理的搜集网络视频素材的常见途径，通过小组讨论，选择适合本任务的途径，搜集同类型单机位口播视频案例素材并进行收藏或下载，素材数量不得少于 3 个。

### （二）筛选优秀的单机位口播视频案例

1. 查阅信息页中的“优秀单机位口播视频案例的标准”相关资料，观看“优秀单机位口播视频案例”相关素材，通过小组合作，梳理优秀的单机位口播视频案例的标准，将该标准的序号填写到对应内容后的括号中。

A. 内容质量高　　B. 主题明确　　C. 表达清晰　　D. 专业知识丰富

E. 形象展示佳　　F. 视觉效果良好　　G. 时间控制好　　H. 具有创新性

（1）合理安排时长，不冗长。（　　）

（2）具有价值、深度或趣味性，能吸引观众。（　　）

（3）在相关领域展现出专业素养。（　　）

（4）焦点突出，内容有针对性。（　　）

（5）画面质量高，背景整洁。（　　）

（6）主播表现自信、大方。（　　）

（7）有独特的观点或呈现方式。（　　）

（8）发音清晰、语速适中、表达流畅。（　　）

2. 根据优秀单机位口播视频案例的标准，独立对搜集到的单机位口播视频案例进行筛选，将筛选出的优秀案例在小组内分享，并说明筛选理由。

## 三、分析优秀单机位口播视频案例的录制思路

### （一）填写单机位口播视频录制思路的组成要素

录制单机位口播视频时，录制思路的设计至关重要，它直接影响单机位口播视频的质量。阅读信息页中的“单机位口播视频录制思路”相关资料，将图 1–2–1 补充完整。

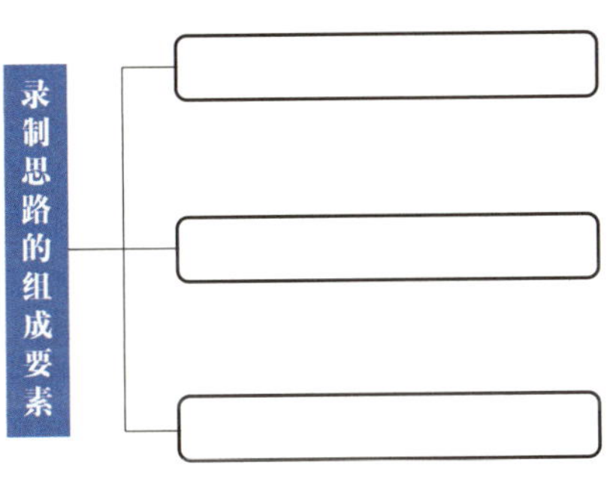


图 1–2–1　录制思路的组成要素

### （二）分析优秀单机位口播视频案例的摄像景别

1. 摄像景别是单机位口播视频录制思路的第一个组成要素。阅读信息页中的“摄像景别”相关资料，通过小组讨论，完成以下问题。

（1）摄像景别是指摄像机与__________之间的距离以及镜头的______，它决定了画面的________和视觉效果。不同的景别可以产生不同的视觉感受和叙事效果。

（2）摄像景别的类型可以通过景别特征进行分辨。根据小组讨论结果，将表 1–2–2 补充完整。

表 1–2–2　摄像景别的类型与特征

| 序号 | 类型 | 特征 |
|---|---|---|
| 1 | 远景 | 视野______，能展现______和__________，若画面中有人物，人物在画面中所占比例较小 |
| 2 | 全景 | 表现场景的______与人物的__________，能让观众清晰了解整体情况 |
| 3 | 中景 | 画框下边卡在人物______左右部位或场景局部的画面称为中景画面，景物的范围有所缩小，环境处于______地位，重点在于表现人物的______ |
| 4 | 近景 | 拍到人物______以上或物体局部的画面称为近景画面，着重表现人物的__________，传达人物的内心世界 |
| 5 | 特写 | 画面的下边框在成人______以上，或其他被拍摄对象的______称为特写镜头。在特写镜头中，被拍摄对象充满画面，比近景更加______观众的注意力 |

（3）根据不同的摄像景别类型与特征，明确图片中的景别类型与对应的画面效果，将表 1–2–3 中的图片编号填写在相应的画面效果括号内。

表 1-2-3　摄像景别与画面效果

| 序号 | 图片 |
| --- | --- |
| 1 | A |
| 2 | B |
| 3 | C |
| 4 | D |
| 5 | E |

| 画面效果 |
| --- |
|  重点表现主体的动作和姿态，兼顾环境，使观众能更清楚地了解主体与环境的关系（　　） |
|  突出主体的面部表情和细节，拉近与观众的距离，增强情感交流（　　） |
| 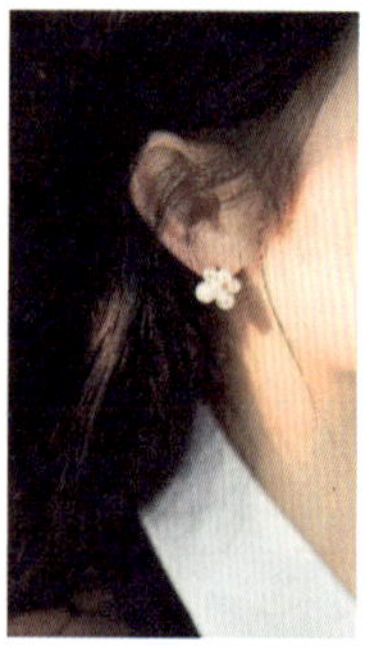 视野开阔，能展现出宏大的场景和环境，给人以空灵、悠远的感觉（　　） |
|  聚焦于主体的局部或细节，强调其特征和重要性，具有强烈的视觉冲击力和感染力（　　） |
|  完整呈现主体全貌以及所处环境，画面具有完整性（　　） |

2. 根据摄像景别的类型和特征，结合不同景别的画面效果，观看“优秀单机位口播视频案例”相关素材，分析案例视频的口播稿关键词所使用的景别类型，填写表 1-2-4。

表 1-2-4　　案例视频对应景别类型

| 序号 | 口播稿关键词 | 案例视频对应景别类型 | 备注 |
| --- | --- | --- | --- |
| | | | |
| | | | |
| | | | |
| | | | |
| | | | |

## （三）分析优秀单机位口播视频摄像案例的基本构图

1. 构图是单机位口播视频录制思路的第二个组成要素。景别决定了画面中主体呈现的范围和比例，而构图则在特定景别下对画面元素进行布局和安排，以实现视觉上的平衡与美感。阅读信息页中的“摄像构图”相关资料，完成以下问题。

摄像构图是指在摄像过程中对画面中的元素进行______和安排，以达到视觉上的和谐、______和______的过程。它通过合理安排主体、背景、前景、陪体等元素的位置、大小、形状、色彩等，来引导观众的______，进而传达情感和信息，使画面更具表现力和感染力。

2. 观看“摄像基本构图”相关视频素材，结合信息页中的“摄像基本构图类型”相关资料，将表 1 2 5 补充完整。

表 1-2-5　　摄像构图类型与特征

| 序号 | 摄像构图类型 | 特征 |
| --- | --- | --- |
| 1 | 九宫格构图 | 又名____________，是三分线构图的应用形式，将画面分为 9 个空间 |
| 2 | 黄金分割构图 | 以__________________为基础，包括多种形式 |
| 3 | 水平线构图 | 利用____________来进行构图取景 |
| 4 | 对称构图 | 以一个点或一条线为______，两边的形状和大小一致且______ |
| 5 | 中心构图 | 又称____________，将视频主体置于________________ |

续表

| 序号 | 摄像构图类型 | 特征 |
| --- | --- | --- |
| 6 | 三分线构图 | 指将画面横向或纵向分为三个部分，拍摄时将主体放在三分线的任意位置上进行取景 |
| 7 | 斜线构图 | 主要利用画面中的______引导观众视线，可以利用视频拍摄主体本身具有的线条构成斜线，也可利用周围环境或道具构成斜线 |
| 8 | 透视构图 | 指视频画面中的某条或某几条线有由近及远的延伸感，分为__________和__________ |

3. 阅读信息页中的“摄像基本构图类型”相关资料，根据摄像基本构图的类型及特征，思考不同构图类型在拍摄时具有的视觉效果，填写表 1-2-6。

表 1-2-6　构图类型、图片与对应的视觉效果

| 序号 | 构图类型 | 图片 | 视觉效果 |
| --- | --- | --- | --- |
| 1 | 黄金分割构图 | | 使画面看起来______、舒适，富有韵律，将主体置于__________上，能更自然地吸引__________，营造出动态平衡感，使画面层次更分明，空间感也更为强烈 |
| 2 | ________ | | 给人一种庄重、沉稳的感觉，画面元素排列整齐有序、富有条理，使整个画面显得和谐统一，突出画面的形式美感，充分展现几何之美 |
| 3 | ________ | | 具有______与________，营造出安宁、平稳的氛围，展现出空间的辽阔和深远。具有____________，使画面________，还能增强视觉引导效果 |

续表

| 序号 | 构图类型 | 图片 | 视觉效果 |
| --- | --- | --- | --- |
| 4 | ________ |   | 画面元素在________分布，能达成自然的平衡感，将主体置于三分线的交点上，更能吸引观众的注意力，使画面具有______和______，展现出深远的空间，给人以和谐、舒适的视觉感受 |
| 5 | 斜线构图 |   | 斜线会产生一种张力，吸引观众的视线，给人以________的感觉，使画面充满活力，与水平线构图和垂直线构图相比，更具________ |
| 6 | ________ |   | 画面呈现出平衡、稳定的感觉，给人以庄重、严肃的印象。元素在画面两侧________，展现出和谐统一的美感。该构图突出画面的________，使构图更具观赏性，给人以舒适、悦目的视觉感受 |
| 7 | 透视构图 |   | 画面营造出强烈的______，使画面具有________，表现出不同物体之间的前后关系，使画面层次分明，引导观众的视线向画面深处延伸，增强了画面的吸引力，让画面看起来真实自然，能将观众带入其中，仿佛身临其境 |

续表

| 序号 | 构图类型 | 图片 | 视觉效果 |
|---|---|---|---|
| 8 | 中心构图 | | 将主体置于__________，使其非常醒目突出，能吸引观众的注意力。画面结构相对简单，__________，给人以稳定、庄重的视觉感受 |

4. 观看“优秀单机位口播视频案例”相关素材，根据摄像构图类型与特征，分析案例视频中主要镜头画面对应的构图类型，填写表 1–2–7。

表 1–2–7 案例视频的构图分析

| 序号 | 画面序号 | 构图 | 备注 |
|---|---|---|---|
| | | | |
| | | | |
| | | | |
| | | | |
| | | | |

## （四）分析优秀单机位口播视频摄像案例录制光源的种类及使用场景

1. 光源是单机位口播视频录制思路的第三个组成要素，光源能塑造画面效果、突出主体、体现细节并增强视觉吸引力。阅读信息页中的“光源”相关资料，完成以下问题。

（1）在视频录制中，光源是指在______________________________________________________________________________。

（2）将表 1–2–8 中缺失的光源的作用与对应的具体内容补充完整。

表 1–2–8 光源的作用与对应的具体内容

| 序号 | 光源的作用 | 具体内容 |
|---|---|---|
| 1 | 提供照明 | |
| 2 | | 通过不同的光源设置，可以突出被拍摄对象的特点和形态 |
| 3 | | 创造出特定的情感氛围，增强视频的感染力 |

续表

| 序号 | 光源的作用 | 具体内容 |
|---|---|---|
| 4 | 控制对比度 | |
| 5 | 展现色彩 | 准确呈现物体的颜色，使视频色彩更加真实和生动 |
| 6 | 塑造立体感 | |
| 7 | | 吸引观众的注意力，突出视频中的重点内容 |
| 8 | 提升质量 | 提高视频的整体质量和专业感 |

（3）阅读信息页中的“视频录制中的光源”相关资料，分析不同类型视频录制光源的优缺点和适用场景，明确人造光的灯光设备类型与特点。通过小组合作，将图 1-2-2 补充完整。

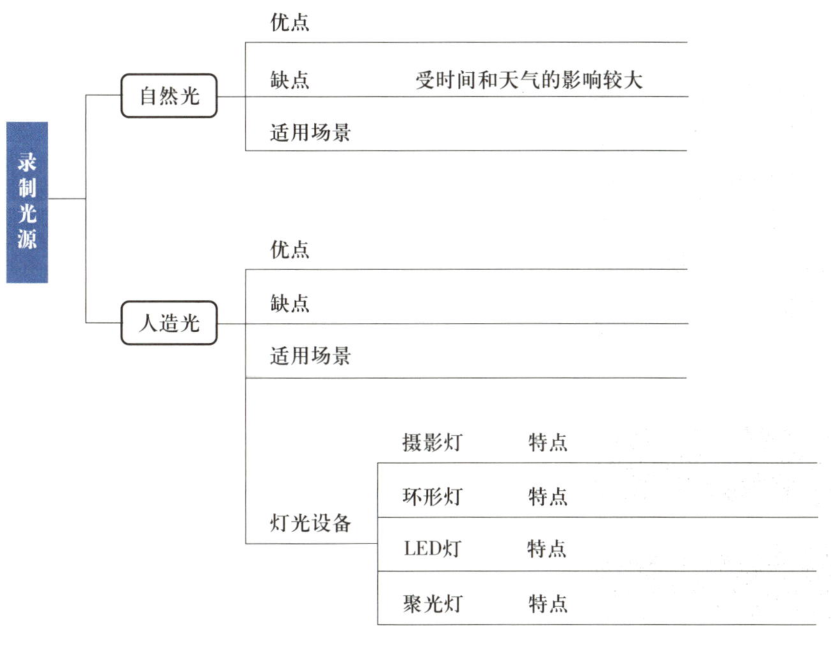


图 1-2-2 录制光源类型与特点

2. 布光是合理使用录制光源的手段，能提升视频质感，突出主题。查阅信息页中的“布光与布光六要素”相关资料，学习布光知识，完成以下问题。

（1）【多选】视频录制布光是指在进行视频拍摄时对光线的布置和调控。通过合理地进行布光可以（　　）。

A. 提升画面质量　　B. 控制光影效果，营造氛围

C. 突出主体，增强立体感　　D. 提高色彩还原度

（2）梳理布光六要素的含义，填写表 1-2-9。

表 1-2-9　布光六要素及其含义

| 序号 | 布光六要素 | 含义 |
| --- | --- | --- |
| 1 | 光度 | 光度是指光的______或______程度，通常用于描述光源的发光强度或物体表面的反射光强度。在摄影和摄像中，光度是一个非常重要的概念，它会影响画面的曝光、________和色彩还原等方面 |
| 2 | 光位 | 光位是指光源相对于被照射物体的______。不同的光位会产生不同的光影效果，从而影响被照射物体的______、________、质感和氛围 |
| 3 | 光质 | 光质是指光线的性质，它会影响被照射物体的外观和给人的视觉感受，分为硬光和软光<br>硬光：光线边缘清晰，方向性明确，能产生明显的______和______，能突出物体的______和______，但可能导致物体表面显得较为粗糙或过于强调细节<br>软光：________，光线柔和，阴影不明显，对比度______，使物体看起来更______ |
| 4 | 光型 | 光型是指光线在作用于场景或物体时所呈现的______和______。它决定了光线照亮物体的具体方式和效果，不同的光型可以营造出不同的__________和情感氛围 |
| 5 | 光比 | 光比是摄影上重要的参数之一，指照明环境下被拍摄物体______与亮面的__________。光比对照片的反差控制有着重要意义 |
| 6 | 光色 | 光色是指光线的______，它是由光线的波长决定的。人们通常看到的光色有七种，即__________________________，也被称为“牛顿七色” |

3. 在视频录制的灯光布置中，光位至关重要，不同的布光类型可以创造出不同的效果，阅读信息页中的“常见的光位类型”相关资料，完成以下问题。

（1）常见的七种光位为________、____________、________、____________、______、______、______。

（2）结合信息页中的“常见的光位类型”相关资料，将光位名称填写在图 1–2–3 中对应的光位上。

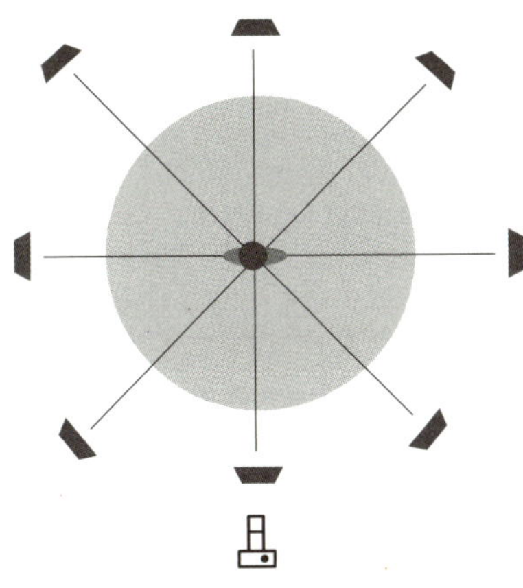

图 1–2–3　光位图

4. 结合信息页中的“常见的光位及其对应的画面效果”相关资料，思考不同光位的画面效果，将下方光位的序号填入所对应画面效果后的括号中。

A. 顺光　　B. 前侧光 / 半侧光　　C. 侧光　　D. 侧逆光 / 后侧光

E. 逆光　　F. 顶光　　G. 底光

（1）光线与相机拍摄方向约为 135° 角，主体背面受光，能表现人物轮廓外形，在风景摄影中可表现大气透视效果。(　　)

（2）光线位于主体后方，主体正面处于黑暗之中，能勾勒物体轮廓，体现层次感，在风景拍摄中可展现丰富层次，但容易产生眩光和鬼影。(　　)

（3）光线与相机夹角约为 45° 角，主体正面有部分阴影，能表现立体感与空间感，在人像摄影中可用于塑造人物形象。(　　)

（4）光线从主体下方照射，使主体上方较暗而下方明亮，常用于营造恐怖、阴森的氛围。(　　)

（5）光线出现在主体正侧方，形成阴阳分割的效果，能突出物体形状和立体感，但对画面布局要求较高。(　　)

（6）光线与相机取景视角方向一致，主体受光均匀，色彩和细节还原度高，但缺乏立体感和层次感，画面较为平淡。(　　)

（7）光线从主体上方垂直照射，会在主体下方产生浓重阴影，常用于营造神秘、庄重的氛围。(　　)

5. 在单机位口播视频的录制过程中，为了保证画面衔接流畅自然，一般会选择一种灯光布置。观看“优秀单机位口播视频案例”相关素材，分析优秀单机位口播视频案例中可能采用的录制灯光光位，并在下方横线上列出。

______________________________________________

______________________________________________

______________________________________________

______________________________________________

## 四、勘察单机位口播视频录制现场情况

### （一）明确单机位口播视频勘景时的安全注意事项

勘察单机位口播视频录制现场情况，是确定单机位口播视频录制思路的重要基础。通过细致勘察，能明确录制现场的特点、光照条件、背景设置以及潜在的干扰因素，这些信息对于制定有效的单机位口播视频录制思路至关重要。阅读信息页中的“录制现场勘景安全注意事项”相关资料，完成以下问题。

1.【单选】遵守录制现场勘景安全注意事项的意义在于（　　）。

A. 保障工作人员的生命安全　　　　B. 确保工作顺利进行

C. 避免财产损失　　　　D. 以上选项都对

2. 将表 1–2–10 中勘景安全注意事项与操作描述补充完整。

表 1–2–10　　勘景安全注意事项与操作描述

| 序号 | 勘景安全注意事项 | 操作描述 |
| --- | --- | --- |
| 1 | 场地环境 | |
| 2 | 高空检查 | 注意检查高处是否有物品掉落风险 |
| 3 | 地面状况 | 确保地面平整，无坑洼、湿滑等情况 |
| 4 | 电气隐患 | |
| 5 | 结构稳固性 | 查看建筑物、设施等结构是否牢固 |
| 6 | 消防通道 | |
| 7 | 危险物品 | |
| 8 | 人员安全 | 保障勘景人员自身安全，使用适当的防护装备 |
| 9 | 应急准备 | 明确现场附近的应急设施和救援途径 |
| 10 | 天气变化 | |

## （二）制作单机位口播视频录制现场勘景要点

依据任务关键信息提取表可知，本任务的录制场所是直播间，阅读信息页中的“直播间现场勘景的要点”相关资料，结合录制现场勘景安全注意事项与操作描述，讨论直播间现场勘景要点与具体勘景内容，将表 1-2-11 补充完整。

表 1-2-11　　直播间现场勘景要点与具体勘景内容

| 序号 | 直播间现场堪景要点 | 具体勘景内容 |
|---|---|---|
| 1 | 空间布局 | 明确场地的______、______、______等，检查地板、墙面、屋顶有无裂缝和破损等情况 |
| 2 | 背景环境 | 检查直播间背景是否符合本任务录制要求，有无干扰元素 |
| 3 | 光线条件 | 观察主光源和辅光源的分布情况 |
| 4 | 噪声水平 | 注意场地的________与________，检查是否有回声、混响等问题 |
| 5 | 电源设施 | 明确录制场地的电源__________与______，了解场地支持______ |
| 6 | 场地设备 | 检查直播间与__________的数量，查看其是否可用 |
| 7 | 安全出口 | 明确录制场地安全出口是否通畅，查看标志是否清晰 |

## （三）编写单机位口播视频现场勘景交流提纲

在根据本任务直播间现场勘景要点与具体勘景内容进行勘景时，可能会发现一些问题，需要与管理人员（教师可扮演此角色）沟通，以便场地管理员及时调整场地。根据本任务直播间现场勘景的要点中的信息，阅读信息页中的“勘景沟通提纲题库”相关资料，通过小组合作，参考题库中的沟通提纲与话术，将表 1-2-12 补充完整。

表 1-2-12　　录制场地勘景沟通提纲

| 要点 | 勘景沟通提纲 |
|---|---|
| 开场 | 相互介绍参与勘景的人员，说明勘景的目的和重要性 |
| 空间布局 | |
| 背景环境 | |
| 光线条件 | |
| 噪声水平 | |
| 电源设施 | |
| 场地设备 | |
| 安全出口 | |
| 感谢与结束 | 对参与勘景的人员表示感谢 |

## （四）进行单机位口播视频现场勘景

1. 根据表 1–2–11 所示直播间现场勘景要点与具体勘景内容和表 1–2–12 所示录制场地勘景沟通提纲，对录制现场进行勘景，与管理人员沟通场地信息，填写表 1–2–13，并使用手机对各个勘景要点的场地实际情况进行拍照或视频记录。

表 1–2–13　　单机位口播视频录制场地基本情况记录单

1. 录制场地基本信息
（1）录制场地名称：______
（2）录制场地的位置：______
（3）录制场地使用时段：______
2. 录制场地的面积：______
3. 录制场地的采光和照明情况
（1）自然采光情况：______
（2）现有灯光设备数量：______
4. 录制场地的噪声情况：______
5. 录制场地的供电情况
（1）录制设备和灯光设备的电源供应情况：______
（2）电源插座排、电源口位置：______
（3）供电功率限制：______
6. 安全考虑（安全通道标志、出口位置标志）：______
7. 网络需求（网络连接情况）：______
8. 录制场地周围的基本情况（停车场位置等情况）：______

2. 阅读信息页中的“录制场地使用登记表填写示例”相关资料，根据表 1–2–13 所示单机位口播视频录制场地基本情况记录单与场地管理员核实场地状态后，填写表 1–2–14。

表 1–2–14　　录制场地使用登记表

<table>
<tr><td>填表日期</td><td colspan="5"></td></tr>
<tr><td>申请人姓名</td><td></td><td>小组</td><td></td><td>联系电话</td><td></td></tr>
<tr><td>申请使用场地</td><td colspan="5"></td></tr>
<tr><td>申请使用时间</td><td colspan="5">—</td></tr>
<tr><td>申请使用用途</td><td colspan="5"></td></tr>
<tr><td colspan="3">申请人签名 / 盖章：</td><td colspan="3">日期：</td></tr>
<tr><td colspan="4">场地管理部门意见 / 建议：</td><td colspan="2">签名 / 日期：</td></tr>
</table>

## 五、制定单机位口播视频的录制思路

### （一）制定单机位口播视频录制思路框架

参考优秀案例的录制思路，根据本任务关键信息提取表、本任务口播稿关键词以及单机位口播视频录制场地基本情况记录单，通过小组合作的方式，将表 1–2–15 补充完整。

表 1–2–15　　本任务录制思路框架表

| 序号 | 段落 / 台词 | 景别 | 构图 | 灯光 |
|---|---|---|---|---|
| 1 | | | | |
| 2 | | | | |
| 3 | | | | |
| 4 | | | | |
| 5 | | | | |

### （二）编写单机位口播视频的文字录制脚本

1. 为了在实施阶段减少问题的发生，初步拟定录制思路之后，需要编写更为详细的文字录制脚本。阅读信息页中的“文字录制脚本”相关资料，思考并完成以下问题。

（1）【多选】文字录制脚本的主要作用包括（　　）。

A. 指导视频的拍摄　B. 提高拍摄效率　C. 提升视频质量　D. 减少制作成本

（2）进行小组合作，阅读信息页中的“文字录制脚本编写流程”相关资料，梳理文字录制脚本的基本编写流程，将图 1–2–4 补充完整。

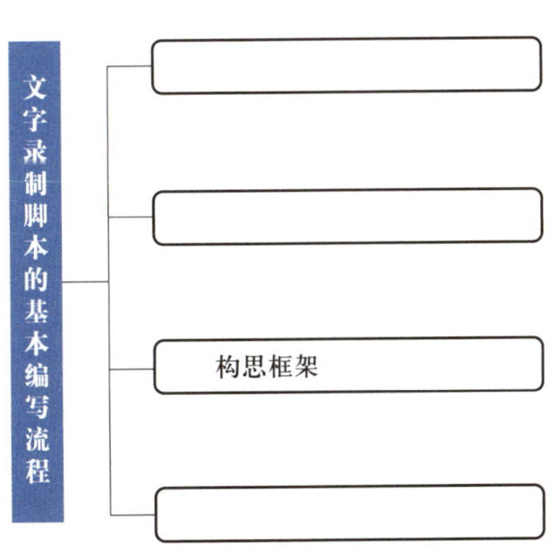


图 1–2–4　文字录制脚本的基本编写流程

（3）结合信息页中的“文字录制脚本的基本要素”相关资料，对文字录制脚本的基本要素进行分析，将表 1–2–16 补充完整。

表 1-2-16　　文字录制脚本的基本要素

| 序号 | 基本要素 | 说明 |
|---|---|---|
| 1 | 镜号 | 镜头编号，便于识别和参考 |
| 2 | 景别 | 在拍摄分镜头时，要确定选择的具体镜头景别，如______、______、______、______等，可交替使用不同景别，增加短视频的吸引力 |
| 3 | 拍摄技巧 | 专业视频拍摄的手法，如______镜头、______镜头等，也可以组合使用，增加视频的动感 |
| 4 | ______ | 描述镜头中呈现的具体场景、构图、人物、动作等 |
| 5 | 台词 | 指视频中人物所说的话，具有______、______和______等功能 |
| 6 | ______ | 指镜头的持续时间，方便控制视频整体时长 |
| 7 | 设备 | 指拍摄视频时使用的设备 |

2. 编写文字录制脚本时，要遵守化繁为简的原则，注重语言简洁、逻辑清晰、内容准确等，以确保脚本的流畅性和高效性。阅读信息页中的“编写文字录制脚本的注意事项”相关资料，在下方横线上列举编写分镜头脚本的注意事项。

______________________________

______________________________

______________________________

______________________________

______________________________

3. 作为摄像师，尊重他人劳动成果、保护自己的合法权益是必备的职业素养。在常见的职业纠纷中，版权纠纷较为突出。在编写文字脚本时，应避免产生版权纠纷。在被侵权时，应维护自身合法权益。阅读信息页中的“版权问题”相关资料，听取教师讲解，熟悉肖像权、隐私权、著作权并完成以下问题。

（1）肖像权是指公民对自己肖像的______。公民有权拥有自己的肖像，有权禁止他人______使用、复制、传播自己的肖像。

（2）隐私权是指自然人享有的______依法受到保护，不被他人窥探、泄露、干扰和公开的一种人格权。

（3）著作权也称为版权，是指作者及其他权利人对其创作的______、艺术和科学作品所享有的各项专有权利，包括______权、______权、______权、信息网络传播权、______权、发行权、出租权等。

（4）根据肖像权、隐私权和著作权的概念，将表 1-2-17 中的注意事项与具体要求用线进行连接。

表 1-2-17 维护肖像权、隐私权和著作权的注意事项与具体要求

| 注意事项 | 具体要求 |
| --- | --- |
| 获得明确许可 | 如果使用他人作品，要注明来源和作者 |
| 尊重他人意愿 | 在使用他人肖像、隐私信息或作品之前，应获得明确的授权和许可 |
| 合理使用 | 增强法律意识，自觉遵守相关规定 |
| 注明来源 | 不擅自公开、传播他人不愿公开的信息 |
| 注意使用场景 | 选择合适的使用场景与时间，避免引发歧义 |
| 加强自我约束 | 在符合法律规定的合理范围内使用 |

（5）分析表 1-2-18 中的行为侵犯了他人的哪些合法权益，并将违规原因填写在表中。

表 1-2-18 侵权行为及违规原因分析

| 序号 | 侵权行为 | 违规原因 |
| --- | --- | --- |
| 1 | 某网红为博取眼球，未经行人同意就进行拍摄，还恶意扭曲行人行为，导致行人遭受网暴 | |
| 2 | 某公司为提升视频点击量，未经授权便将明星照片用于视频中，以此欺骗明星粉丝进行点击 | |
| 3 | 某学生在拍摄短视频时，说出了室友的姓名、所在班级和专业 | |
| 4 | 小美盗取其他博主的视频，剪辑后当作自己的原创视频上传 | |
| 5 | 某学生将他人的视频以自己名义提交，参加比赛 | |
| 6 | 小明模仿其他作者的拍摄脚本，选用相同题材进行视频拍摄，在上传视频时未注明原创来源 | |

（6）作为助理摄像师，应学会维护自己的合法权益。请根据信息页中的“肖像权、隐私权、著作权”相关资料，开展小组讨论，探讨维护自身合法权益的方法，并在下方横线上列举相关措施。

______________________________________________

______________________________________________

______________________________________________

______________________________________________

4. 根据文字录制脚本的编写注意事项及需遵守的相关法律法规，结合任务资料、口播稿关键词与本任务思路大纲框架，参考信息页中的“文字录制脚本示例”相关资料，尝试编写表 1-2-19 所示单机位口播视频文字录制脚本。

表 1-2-19　单机位口播视频文字录制脚本

| 镜号 | 机位 | 景别 | 时长 | 画面内容 | 台词 |
| --- | --- | --- | --- | --- | --- |
| | | | | | |
| | | | | | |
| | | | | | |
| | | | | | |
| | | | | | |
| | | | | | |
| | | | | | |
| | | | | | |
| | | | | | |
| | | | | | |

5. 组内成员相互检查本任务的文字录制脚本。若脚本中有借鉴他人视频创意的内容，需在文字录制脚本上明确标注；若存在侵犯他人肖像权、隐私权、著作权的内容，应及时进行修改。

## 六、评价单机位口播视频文字录制脚本

单机位口播视频文字录制脚本编写完成后，以小组为单位展示编写成果，并分享编写过程中景别的选取原因、片段时长确定的依据以及完成任务过程中的心得体会。采用自评、小组互评与师评相结合的多元评价方式，完成表 1–2–20 的评价。

表 1–2–20　　单机位口播视频文字录制脚本考核项目评价表

组别：

本考核项目占学习任务考核总分的 28%，可按 28 分计算

| 评价项目 | 得分（自评占比 20%、小组互评占比 30%、师评占比 50%） | | | | | | | |
|---|---|---|---|---|---|---|---|---|
| | 自评 | 小组 1 | 小组 2 | 小组 3 | 小组 4 | 小组 5 | 小组 6 | 师评 |
| 1. 文字分镜头要素完整，能清晰标明每个镜头的景别和构图，计 8 分；每缺少一处扣 1 分 | | | | | | | | |
| 2. 台词分配得当，呼应视频主题，计 8 分；每错误一处扣 1 分 | | | | | | | | |
| 3. 视频画面场景描述清晰，包含主播位置与动作描述，计 5 分；每欠缺一处扣 1 分 | | | | | | | | |
| 4. 无侵犯肖像权、隐私权、著作权的脚本内容，计 4 分；有侵权行为时此项不得分 | | | | | | | | |
| 5. 文字应清晰可辨，不模糊或混淆，语言简洁，易于理解，计 3 分；有所欠缺可酌情扣分 | | | | | | | | |
| 汇总得分 | | | | | | | | |

## 七、制定单机位口播视频录制方案的设备清单

1. 根据表 1–1–4 所示任务关键信息提取，本任务使用手机作为主体录制设备。主体录制设备能捕捉画面和声音，是视频录制的基础。要完成单机位口播视频的完整录制，除了主体录制设备外，还需配备辅助录制设备。辅助录制设备能有效提升视频质量。阅读信息页中的“手机录制辅助设备”相关资料，听取教师讲解，明确手机录制辅助设备的类型，通过小组合作，分析各类手机录制辅助设备的特点，填写表 1–2–21。

表 1-2-21　　各类手机录制辅助设备的特点

| 序号 | 设备类型 | 设备名称 | 特点 |
| --- | --- | --- | --- |
| 1 | 收音设备 | 麦克风 | 可以有效________，提高录音的________ |
| 2 | | 录音笔 | 体积较小，适合________，可以保证采集的人声更为清晰与______，适用于拍摄________短视频 |
| 3 | | 手持数字录音机 | 能真实还原________的声音 |
| 4 | | 领夹麦 | 体积小，直接夹在衣物上即可使用，便于______。佩戴后不影响外观，能准确________，保证音频质量，适用范围广 |
| 5 | 稳定录制设备 | 三脚架 | 稳定性好，在拍摄时能较好地保持画面的稳定 |

续表

| 序号 | 设备类型 | 设备名称 | 特点 |
|---|---|---|---|
| 6 | 稳定录制设备 | 手机支架 | 可以起到______、支撑手机的作用 |
| 7 | | 手持云台 | 是______手机或相机的设备，是一种专业的拍摄辅助工具 |

2. 根据表 1–1–4 所示任务关键信息提取和单机位口播视频文字分镜头脚本，以小组为单位展开讨论，确定本任务所需的录制设备及相应数量，填写表 1–2–22。

表 1–2–22　本任务录制设备清单

| 序号 | 录制设备 | 数量 |
|---|---|---|
| | | |
| | | |
| | | |
| | | |
| | | |
| | | |

## 八、制定单机位口播视频录制流程

1. 单机位口播视频的录制流程应完整规范，观看“单机位口播视频录制流程”相关素材，完成图 1–2–5 的填写。

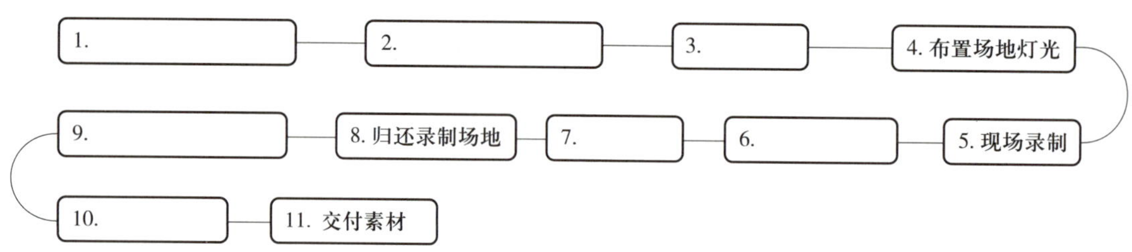


图 1-2-5　布置录制场地流程

2. 明确单机位口播视频的录制流程中各工作步骤的工作内容，对于实现有效分工至关重要。阅读信息页中的“单机位口播视频录制流程”相关资料，进行小组合作，完成以下问题。

（1）思考并讨论在不同的单机位口播视频录制流程中，需进行哪些具体工作，然后将这些工作内容准确地填入表 1-2-23 中。

（2）在明确各工作内容的基础上，在表 1-2-23 中勾选出单机位口播视频录制中的关键工作步骤。

（3）根据本任务录制流程中的各个工作步骤、关键工作步骤以及相应的工作内容，进行人员分工，并填写在表 1-2-23 中。

表 1-2-23　单机位口播视频录制人员分工表

| 序号 | 工作步骤 | 工作内容 | 是否关键工作步骤 | 工作人员 |
|---|---|---|---|---|
| 1 | 布置录制场地 |  | □是　□否 |  |
| 2 |  |  | □是　□否 |  |
| 3 |  |  | □是　□否 |  |
| 4 | 布置场地灯光 |  | □是　□否 |  |
| 5 | 现场录制 |  | □是　□否 |  |
| 6 |  |  | □是　□否 |  |
| 7 |  |  | □是　□否 |  |
| 8 | 归还录制场地 |  | □是　□否 |  |
| 9 |  |  | □是　□否 |  |
| 10 |  |  | □是　□否 |  |
| 11 | 交付素材 |  | □是　□否 |  |

# 学习环节三　做出决策

## 学习目标

能根据单机位口播视频文字录制脚本，绘制画面分镜头，并开展情景模拟录制。在录制过程中，需确保景别和拍摄手法与任务主题相契合。

## 建议学时

6 学时

## 学习要求

| 序号 | 学习步骤 | 学习内容 | 学时 |
|---|---|---|---|
| 1 | 验证单机位口播视频的录制脚本 | 1. 分镜头的绘制方法（理论）<br>2. 情景模拟录制的方法（实践） | 5 |
| 2 | 展示评价 | | 1 |

## 一、验证单机位口播视频的录制脚本

### （一）绘制单机位口播视频画面分镜头

1. 确定单机位口播视频录制思路后，需根据文字录制脚本绘制分镜头画面，将文字脚本直观转化为画面形式，便于进行模拟录制，确保录制思路契合任务要求。阅读信息页中的“分镜头脚本”相关资料，完成以下问题。

（1）画面分镜头也称为________或__________，是电影、动画、电视剧、广告和其他视觉媒体制作中的关键工具。它是一种______的脚本，将剧本中的场景分解成单独的________或________。

（2）阅读信息页中的“分镜头脚本”相关资料，将图 1-3-1 补充完整。

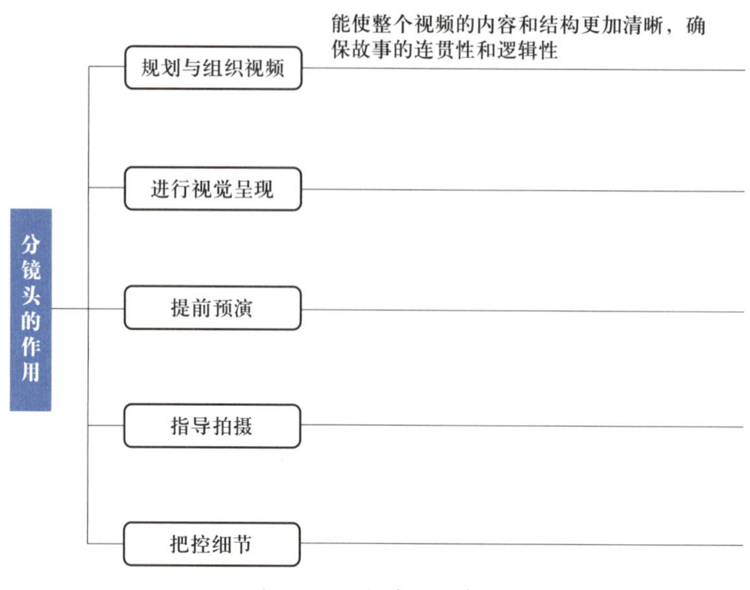


图 1–3–1　分镜头的作用

（3）进行小组合作，阅读信息页中的“分镜头脚本”相关资料，梳理绘制分镜头的要求，将表 1–3–1 所示内容用线进行连接。

表 1–3–1　绘制分镜头的要求及具体内容

| 绘制分镜头的要求 |
| --- |
| 准确表达内容 |
| 构图合理 |
| 风格一致 |
| 标注清晰 |
| 富有创意 |
| 可实现 |

| 具体内容 |
| --- |
| 镜头之间的风格、色调等保持一致 |
| 画面布局美观，突出主体，符合视觉审美 |
| 展现独特的视角和构思，增强作品吸引力 |
| 考虑实际拍摄的条件和限制 |
| 确保每个镜头能准确传达故事的情节和情感 |
| 各种信息标注明确，便于理解和执行 |

2. 阅读信息页中的“分镜头脚本示例”相关资料，根据单机位口播视频文字录制脚本和绘制分镜头的要求，绘制并填写表 1–3–2。

表 1–3–2　本任务画面分镜头表

| 镜号 | 画面草图 | 画面描述（口播稿） | 口播稿关键词 | 时长 |
| --- | --- | --- | --- | --- |
| | | | | |

续表

| 镜号 | 画面草图 | 画面描述（口播稿） | 口播稿关键词 | 时长 |
|---|---|---|---|---|
| | | | | |
| | | | | |
| | | | | |
| | | | | |
| | | | | |
| | | | | |
| | | | | |

## （二）验证单机位口播视频的录制脚本分镜头

1. 完成本任务画面分镜头的绘制后，即可开展模拟录制。情景模拟法是一种常用的视频脚本验证方法。阅读信息页中的“情景模拟法”相关资料，思考并完成以下问题。

（1）情景模拟法是一种常用的______或培训方法。它通过营造一个比较接近____________的场景，让参与者在其中进行__________或__________。

（2）梳理情景模拟法的特点，将图 1-3-2 补充完整。

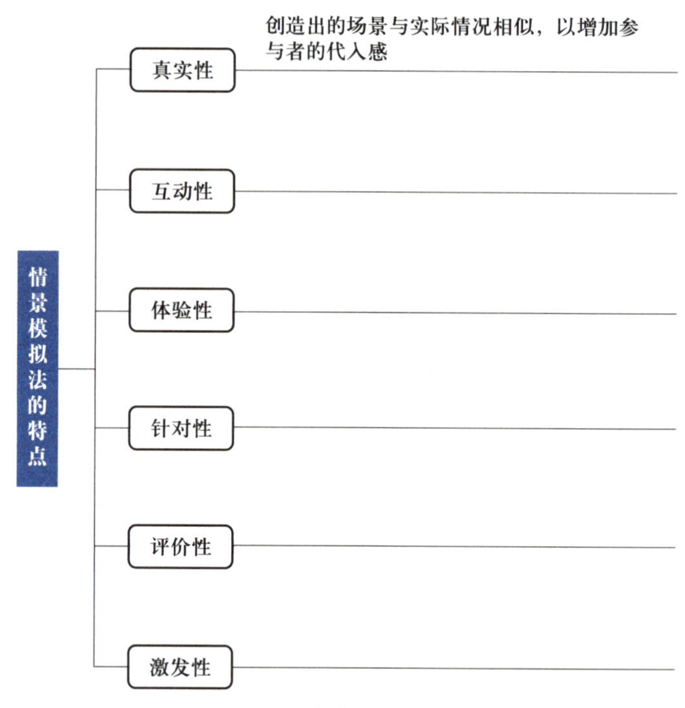


图 1-3-2 情景模拟法的特点

（3）根据情景模拟法的特点，讨论其应用范围，并在下方横线上列举出来。

______________________________________________

______________________________________________

______________________________________________

（4）梳理情景模拟法的实施步骤，将下列实施步骤按正确的顺序排列。

A. 反馈和讨论　　B. 工具和角色分配　　C. 设计情景　　D. 规则说明

E. 评估和总结　　F. 观察和记录情景　　G. 确定目标　　H. 进行模拟

I. 引导进入情景　　J. 准备材料

______________________________________________

______________________________________________

2. 根据本任务画面分镜头，结合情景模拟法的实施步骤，利用手机自带的录像功能进行模拟录制。

3. 根据模拟录制的成果，开展小组合作，对录制脚本分镜头中的画面景别、构图和时长进行验证，记录验证成果，并填写表 1-3-3。

表 1-3-3 情景模拟录制问题记录

| 镜号 | 画面问题 | 镜头衔接 | 时长 |
|---|---|---|---|
| 1 | 景别：□远 □近<br>构图：□构图太满 □主体偏移 □主题不突出<br>口播稿和关键词匹配程度： | □卡顿<br>□流畅 | □台词过长<br>□台词过短<br>□台词合适 |
| 2 | 景别：□远 □近<br>构图：□构图太满 □主体偏移 □主题不突出<br>口播稿和关键词匹配程度： | □卡顿<br>□流畅 | □台词过长<br>□台词过短<br>□台词合适 |
| 3 | 景别：□远 □近<br>构图：□构图太满 □主体偏移 □主题不突出<br>口播稿和关键词匹配程度： | □卡顿<br>□流畅 | □台词过长<br>□台词过短<br>□台词合适 |
| 4 | 景别：□远 □近<br>构图：□构图太满 □主体偏移 □主题不突出<br>口播稿和关键词匹配程度： | □卡顿<br>□流畅 | □台词过长<br>□台词过短<br>□台词合适 |
| 5 | 景别：□远 □近<br>构图：□构图太满 □主体偏移 □主题不突出<br>口播稿和关键词匹配程度： | □卡顿<br>□流畅 | □台词过长<br>□台词过短<br>□台词合适 |
| 6 | 景别：□远 □近<br>构图：□构图太满 □主体偏移 □主题不突出<br>口播稿和关键词匹配程度： | □卡顿<br>□流畅 | □台词过长<br>□台词过短<br>□台词合适 |
| 7 | 景别：□远 □近<br>构图：□构图太满 □主体偏移 □主题不突出<br>口播稿和关键词匹配程度： | □卡顿<br>□流畅 | □台词过长<br>□台词过短<br>□台词合适 |

## 二、展示评价

1. 展示单机位口播视频录制脚本的模拟录制过程与成果，分享完成任务过程中的心得体会。采用小组互评与师评相结合的多元评价方式，完成表 1-3-4 的评价。

表 1-3-4　“单机位口播视频录制脚本的模拟录制验证成果”考核项目评价表

| 组别： | | | | | | | |
|---|---|---|---|---|---|---|---|
| 本考核项目占学习任务考核总分的 20%，可按 20 分计算 | | | | | | | |
| 评价项目 | 得分（小组互评占比 30%、师评占比 70%） | | | | | | |
| | 小组 1 | 小组 2 | 小组 3 | 小组 4 | 小组 5 | 小组 6 | 师评 |
| 1. 画面分镜头要素齐全，绘制分镜头时景别与构图表达明确，计 8 分；每缺少一处扣 1 分 | | | | | | | |
| 2. 画风和谐统一，简洁干练，画面草图与文字分镜头相匹配，计 8 分；每错误一处扣 1 分 | | | | | | | |
| 3. 模拟录制问题记录准确，情景模拟人员分工明确，团结协作，计 4 分；每欠缺一处扣 2 分 | | | | | | | |
| 汇总得分 | | | | | | | |

2. 听取教师和同学的意见，优化本任务的文字录制脚本。

# 学习环节四 实施计划

## 学习目标

1. 能根据录制设备清单，领取拍摄设备，填写设备领取单。保证领取的设备完好无损，设备型号、数量与设备领取单一致。

2. 能依据单机位口播视频录制的主题，遵守单机位口播视频录制环境布置的操作要求，对录制现场进行置景。合理摆放录制产品和道具，确保置景恰当。

3. 能依据录制脚本与任务要求正确架设机位，调整单机位口播视频录制设备，布光合理，确保录制画面平稳、清晰，构图合理，拍摄角度科学，展现出细致严谨的工作态度和安全意识。

4. 能积极与主播沟通，实时引导主播按照录制脚本进行单机位口播视频的分段式录制，实时监控录制画面，确保录制素材内容景别合理、构图美观、曝光正常、画面清晰。

## 建议学时

20 学时

## 学习要求

| 序号 | 学习步骤 | 学习内容 | 学时 |
|---|---|---|---|
| 1 | 布置单机位口播视频录制场地 | 1. 单机位口播视频录制环境布置的操作要求（理论）<br>2. 单机位口播视频录制现场的置景（实践）<br>3. 安全意识（素养） | 4 |
| 2 | 领取并检查单机位口播视频的录制设备 | 1. 设备领取单的填写（实践）<br>2. 单机位口播视频录制器材的检查要点（理论）<br>3. 单机位口播视频录制器材的领取（实践）<br>4. 严谨细致的劳动精神（素养） | 2 |

续表

| 序号 | 学习步骤 | 学习内容 | 学时 |
|---|---|---|---|
| 3 | 架设单机位口播视频的录制机位 | 1. 用于角度设置、画面内容选取的单机位摆放技巧（实践）<br>2. 单机位口播视频录制场地的灯光布置要点（理论）<br>3. 单机位口播视频录制的布光技巧（实践） | 3 |
| 4 | 布置单机位口播视频的录制灯光 | | 2 |
| 5 | 展示与评价单机位口播视频录制现场布置成果 | | 1 |
| 6 | 进行单机位口播视频的录制设备器材操作演练 | 1. 单机位口播视频录制设备的操作（实践）<br>2. 手机摄像曝光控制方法（理论）<br>3. 手机摄像白平衡的控制方法（理论）<br>4. 单机位口播视频分段录制过程中与主播的沟通方法（理论）<br>5. 数字应用能力（素养） | 3 |
| 7 | 录制单机位口播视频 | | 4 |
| 8 | 展示单机位口播视频录制成果 | | 1 |

## 一、布置单机位口播视频录制场地

### （一）梳理单机位口播视频录制场地布置的操作要求

1. 制定好单机位口播视频录制思路和文字录制脚本后，根据录制工作流程，接下来需开展录制场地布置工作。通过录制场地环境的布置，能提升单机位口播视频录制的质量和效果，营造出符合主题的录制氛围。观看“场地布置案例”相关视频素材，通过小组合作，梳理录制场地布置的工作流程，完成以下问题。

（1）根据录制场地布置顺序，将图 1-4-1 填写完整。

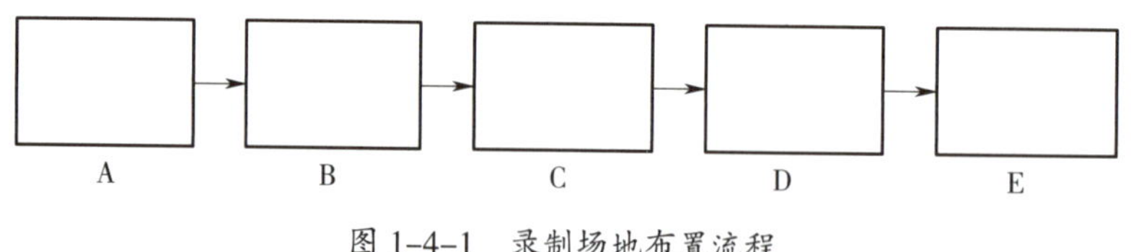


图 1-4-1 录制场地布置流程

（2）根据下列场地布置活动的描述，与图 1-4-1 中的相应布置流程环节进行匹配，在括号内填入对应的布置流程编号。

1）移除场地上的不相关物品。(　　)

2）按照设计的场地布置图，安放装饰品。(　　)

3）清理场地垃圾和杂物，清除灰尘和污迹。(　　)

4）检查场地的逃生通道是否畅通无阻，安全标志是否清晰可见。（ ）

5）保持场地的良好通风。（ ）

6）检查场地所有布置是否安装牢固，确保没有摇晃或倾倒的风险。（ ）

7）将背景固定于背景架或墙面，确保背景平整，没有褶皱和瑕疵。（ ）

8）检查并确认背景材料完好。（ ）

9）使用背景固定装置，将背景材料固定在布置方案设计的位置。（ ）

10）根据拍摄主题和效果需求，选择合适的装饰物。（ ）

11）挑选录制内容所需的道具。（ ）

12）按照设计的场地布置图安放道具。（ ）

13）根据光线条件，开启或关闭窗帘。（ ）

14）安全放置带有尖锐边角或易碎的物品。（ ）

15）整理现场的电缆线、插线板等。（ ）

16）检查电线插座是否超负荷使用。（ ）

2. 明确录制场地布置流程后，在进行单机位口播视频录制场地布置时，需遵守相关的操作要求。阅读信息页中的“录制场地布置”相关资料，完成以下问题。

（1）录制场地布置的操作要求可分为环境检查、背景选择、光线控制、电源规划和安全操作等类型。为每一种布置操作补充填写三条具体要求。

1）环境检查：____________；______________；______________。

2）背景选择：____________；______________；______________。

3）光线控制：______________；______________；______________。

4）电源规划：______________；_____________；______________。

5）安全操作：______________；______________；______________。

（2）根据信息页中的“录制场地布置”相关资料，进行小组合作，填写表 1-4-1。

3. 在进行单机位口播视频录制场地布置时，为保障人员与设备安全，需遵守场地布置流程和场地安全操作规范，同时强化安全意识。阅读信息页中的“录制场地布置”相关资料，完成以下问题。

（1）**【多选】**为了保障在录制场地的操作安全，在进行录制场地布置时，操作要求可分为环境检查、（ ）、安全操作等类型。

A. 背景选择　　B. 举止规范　　C. 电源规划

D. 时间把控　　E. 光线控制

表 1-4-1　　录制场地问题纠察

| 序号 | 情境样例 | 存在问题 | 录制场地布置操作要求 |
|---|---|---|---|
| 1 |   | 色彩花哨 | 背景应颜色统一 |
| 2 |   |  |  |
| 3 |   |  |  |
| 4 |   |  |  |
| 5 |   |  |  |

（2）指出图 1-4-2 所示各类违规操作情境中存在的安全隐患，并填写在横线上。

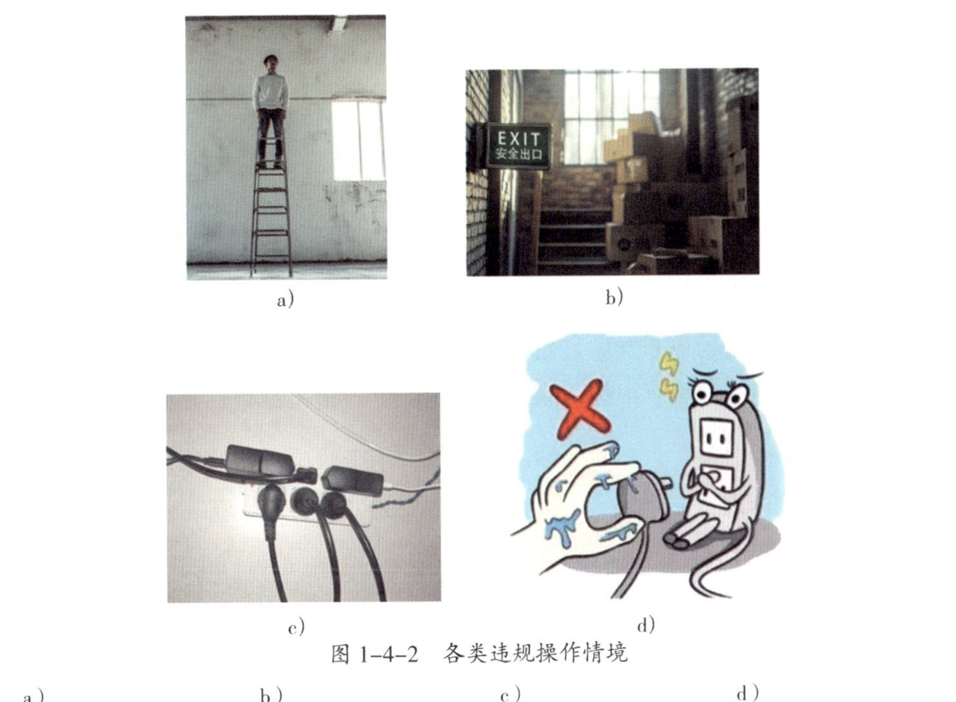


图 1-4-2　各类违规操作情境

a）______　b）______　c）______　d）______

## （二）布置单机位口播视频录制场地

1. 在明确单机位口播视频录制场地布置流程与安全操作事项后，阅读信息页中的“场地布置样例图”“文字录制脚本”和“录制场地布置”相关资料，参照提供的参考场地布置样例，根据表 1-2-13 所示单机位口播视频录制场地基本情况记录单，进行小组合作，讨论并绘制单机位口播视频录制场地平面布置图。

2. 根据绘制完成的场地布置图，进行小组合作，对录制场地进行布置，并拍照留存。

3. 根据录制场地布置操作要求和录制场地安全操作基本知识，各组互相检查录制场地的实景照片。根据其他小组提出的意见，对场地布置进行调整。

## 二、领取并检查单机位口播视频的录制设备

### （一）填写录制设备领取单

完成单机位口播视频录制场地布置后，需根据录制流程领取单机位口播视频录制设备。领取录制设备时需进行信息留存，阅读信息页中的“录制设备领取单”相关资料，完成以下问题。

（1）设备领取单是一种记录__________情况的文件，用于明确设备使用的________，追踪设备的______，预防因设备问题导致的__________，是必不可少的设备管理资料。

（2）【多选】填写录制设备领取单的注意事项应包括（　　）。

A. 所有填写的信息应准确、完整
B. 领取设备时主要检查所有设备的购买发票
C. 字迹应清晰可辨，避免涂改
D. 详细记录设备的状况、已有的损坏或缺陷
E. 应在录制设备领取单上备注所有附件
F. 领取设备时不需要确认附件的齐备情况
G. 更换设备只需与设备管理员口头说明即可
H. 仅模糊填写设备预计归还的时间即可

（3）根据表 1-1-4 所示任务关键信息提取和表 1-2-22 所示本任务录制设备清单，填写表 1-4-2。

表 1-4-2　　单机位口播视频录制设备领取单

| 录制任务 | 单机位口播视频的录制 | | | |
|---|---|---|---|---|
| 设备出库人 | | 设备领取负责人 | | |
| 班级 | | 录制人员 | | |
| 设备明细 | 设备类型 | 型号 | 数量 | 备注 |
| | 手机 | | | |
| | 手持稳定器 | | | |
| | 三脚架 | | | |
| | 领麦夹 | | | |
| | 提词器 | | | |
| 领取时间 | 年　月　日　时　分 | | 领取人 | |
| 归还时间 | 年　月　日　时　分 | | 验收人 | |

注意事项：
1. 领取设备时，应开机检查设备是否正常，同时仔细检查设备配件是否齐全
2. 检查领取设备型号是否与领取单所列型号一致
3. 在使用过程中应严格按照使用说明书和技术操作规程操作设备
4. 归还设备前，需提前存储并导出素材
5. 签字前需核对设备状态，确认设备正常后方可签字

## （二）领取单机位口播视频的录制设备

1. 领取录制设备时，检查录制设备的状态是至关重要的环节。通过检查设备，能及时发现设备存在的问题，从而减少录制过程中可能出现的故障。阅读信息页中的“检查录制设备的注意事项”相关资料，完成以下问题。

（1）【多选】在进行拍摄工作前，检查单机位口播视频录制设备可以（　　）。

A. 避免设备故障　　B. 保障录制安全

C. 提高录制效率　　D. 保证录制质量

（2）【多选】检查单机位口播视频录制设备时，若发现（　　）问题，则该设备不能使用。

A. 设备导线破损　　B. 外观有轻微瑕疵

C. 功能部件损坏　　D. 框架结构损坏

（3）【单选】发现设备问题时，应按照（　　）的顺序处理。

①向管理员汇报　②记录问题　③更换设备　④判断使用影响

A. ④②①③　B. ①②③④　C. ③④①②　D. ④①③②

（4）【多选】检查手机时，除检查外观、基本功能、数量外，还应检查（　　）。

A. 配件数量　　B. 配件功能与外观

C. 购机发票　　D. 音质效果

（5）【多选】从固定单机位口播视频录制工作的需要出发，需对三脚架进行（　　）检查。

A. 稳定放置　B. 高度调节　C. 正常收纳　D. 方便手持

2. 在明确领取录制设备的注意事项后，可对设备进行检查。观看“单机位口播视频录制设备的检查操作”相关素材，完成以下问题。

（1）以小组合作的方式，梳理单机位口播视频录制设备检查要点，填写表 1-4-3。

表 1-4-3　单机位口播视频录制设备检查要点

| 序号 | 设备 | 检查要点 | 配件 | 备注 |
| --- | --- | --- | --- | --- |
| 1 | 手机 | 1. 镜头干净、无划痕<br>2. 机身无明显划痕、凹陷或损坏<br>3. 屏幕显示清晰、触控操作灵敏且屏幕无明显划痕或损坏<br>4. 按键响应灵敏，反馈正常<br>5. 电量充足，充电功能正常<br>6. 剩余存储容量足够 | 充电器、充电线 |  |

续表

| 序号 | 设备 | 检查要点 | 配件 | 备注 |
| --- | --- | --- | --- | --- |
| 2 | 手持稳定器 | | | |
| 3 | 三脚架 | | | |
| 4 | 领麦夹 | | | |
| 5 | 提词器 | | | |

（2）进行设备检查时，需秉持严谨细致的工作态度，以免出现设备领取问题和录制故障。根据表 1–4–3 所示单机位口播视频录制设备检查要点，判断以下领取录制设备的行为存在的问题，并在下方横线上补充正确的操作方式。

1）在领取手机设备时，仅检查了设备型号、外观和能否正常开机。

______________________________

______________________________

2）对实际领取到的设备进行外观和功能检查后，立即签字。

______________________________

______________________________

3）在检查设备时发现不影响使用的轻微异常，未记录就直接领取设备。

______________________________________________________________

______________________________________________________________

4）领取三脚架时，仅检查了设备数量和支腿的伸缩功能。

______________________________________________________________

______________________________________________________________

3. 根据表 1–4–2 所示单机位口播视频录制设备领取单，如实领取单机位口播视频的录制设备。进行小组合作，按照表 1–4–3 所示单机位口播视频录制设备检查要点，对设备进行检验。检验无误后，在单机位口播视频录制设备领取单上签字，并拍照留存。

## 三、架设单机位口播视频的录制机位

### （一）掌握手机辅助录制工具的操作方法

1. 用手机进行视频录制时，需配合使用多种不同的辅助工具设备。掌握单机位拍摄工具的使用方法，能有效提高视频录制效率，保障视频录制质量。观看“手机辅助录制设备操作”相关视频素材，完成下列问题。

（1）【多选】用手机连接收音设备时，常用的连接方式有（　　）。

A. 红外线连接　　B. 即插即用（OTG）连接

C. 近场通信（NFC）连接　　D. 3.5 mm 音频线连接

E. 蓝牙连接　　F. 光纤连接

（2）为保障单机位口播视频录制工作顺利进行，避免发生场地安全事故，使用设备时严禁违规操作。

1）【单选】使用三脚架时不应（　　）。

A. 平稳放置　　B. 锁紧腿部和夹具　　C. 使用配重固定　　D. 适当超越承载限重

2）【单选】使用手持稳定器时不应（　　）。

A. 正确调平设备　　B. 稳固双手握持　　C. 抛掷设备　　D. 电量充足使用

3）【单选】使用领麦夹时不应（　　）。

A. 夹紧佩戴　　B. 使用防风罩　　C. 随手搁置设备　　D. 避免拉扯导线

2. 在拍摄任务执行过程中，需熟练掌握各种辅助录制工具的使用。练习各类不同拍摄工具的操作方法，总结设备操作经验，与小组成员合作填写表 1–4–4。

表 1-4-4　　辅助录制工具操作指导

| 序号 | 工具类型 | 操控方式 | 操作注意事项 |
| --- | --- | --- | --- |
| 1 | 三脚架 | 稳固放置，根据拍摄要求调整高度和角度 | 小心倾倒，可使用重物固定 |
| 2 | 手持稳定器 | | |
| 3 | 领麦夹 | | |
| 4 | 提词器 | | |

## （二）架设单机位口播视频录制机位

1. 根据信息页中的“文字录制脚本”和表 1-4-4 所示辅助录制工具操作指导的要求，以小组合作的形式，对单机位录制设备进行架设。

2. 机位架设完成后，需进行调试。组织小组讨论，阅读信息页中的“机位问题调试”相关资料，针对表 1-4-5 中的镜头画面，描述其存在的问题，分析如何调整机位以解决画面内容问题，并填写表 1-4-5。

表 1-4-5　　画面内容问题与机位调整技巧

| 序号 | 图片样例 | 画面内容问题 | 机位调整技巧 |
| --- | --- | --- | --- |
| 1 | | 构图偏左，对场景装饰造成了切割 | 向右侧平移机位 |
| 2 | | | |

续表

| 序号 | 图片样例 | 画面内容问题 | 机位调整技巧 |
| --- | --- | --- | --- |
| 3 | 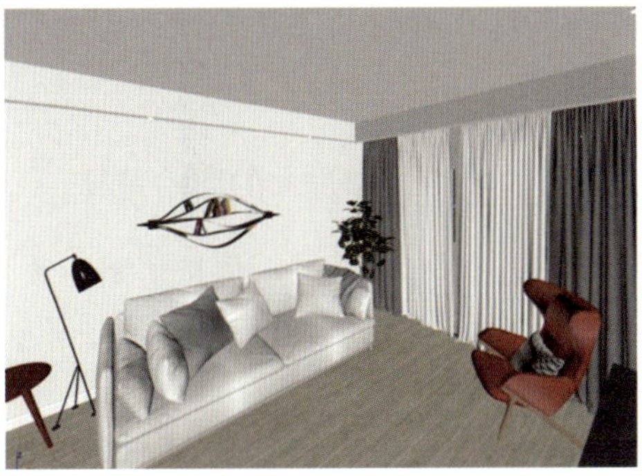  |  |  |
| 4 |   |  |  |
| 5 |   |  |  |

3. 根据表 1–4–5 所示画面内容问题与机位调整技巧，结合信息页中的“文字录制脚本”相关资料，检查当前架设设备所呈现的实际画面，若有问题，应及时调整机位。

## 四、布置单机位口播视频的录制灯光

### （一）整理单机位口播视频录制的布光技巧

1. 合理布置录制灯光能有效提升视频录制画面质量，对营造录制主题与氛围起着关键作用。阅读信息页中的“视频录制的布光”相关资料，完成下列问题。

（1）布置场地灯光时，应确保灯具本身________，避免灯具过热或电线杂乱无章，以保障灯光布置的______。

（2）场地中用于主要照明的灯具，应将色温调节至具有相同的冷暖倾向，以确保灯光色温的______。

（3）在主体或背景上，应防止因灯光而产生强烈的_________和过大的明暗差异。

（4）灯光的布置应考虑现场环境的______条件，使人工灯光与______保持协调一致。

（5）灯光营造的氛围效果应______视频的主题和情感。

（6）场地安装的灯具应便于________，以便快速适应不同场景需求和拍摄条件的变化。

2. 阅读信息页中的“灯光设备类型与特点”相关资料，以小组合作的方式完成下列题目。

（1）识别表 1–4–6 中的灯具，填写灯具名称及使用场景。

表 1–4–6　灯具名称及使用场景

| 序号 | 图片 | 灯具名称 | 使用场景 |
| --- | --- | --- | --- |
| 1 |  | LED 灯 | 作为主光、填充光、背光使用，调节整体照明的色温 |
| 2 |  |  |  |
| 3 |  |  |  |
| 4 |  |  |  |

续表

| 序号 | 图片 | 灯具名称 | 使用场景 |
| --- | --- | --- | --- |
| 5 | | | |
| 6 | | | |

（2）阅读信息页中的“灯光布置技巧”相关资料，根据表 1–4–7 提供的灯光的不同组合方案，以小组讨论的方式，描述在不同组合情况下灯具的布置方法及效果，填写表 1–4–7。

表 1–4–7 灯具的布置方法及效果

| 序号 | 图例 | 布置方法 | 效果 |
| --- | --- | --- | --- |
| 1 | | 设置单独主光。放置于被拍摄物体的 45° 角位置，且高于被拍摄物体顶部，向下照射 | 对拍摄主体进行良好的照明，同时形成一定深度的阴影 |
| 2 | | | |

续表

| 序号 | 图例 | 布置方法 | 效果 |
| --- | --- | --- | --- |
| 3 |   |  |  |
| 4 |   |  |  |

3. 根据表 1-2-13 所示单机位口播视频录制场地基本情况记录单中记录的场地灯光设备条件信息，结合信息页中的“文字录制脚本”相关资料与架设的单机位口播视频录制机位，分析当前场地的灯光布置需求。进行小组合作，从表 1-4-7 中选择一个合适的单机位灯光布置方法，讨论确定所需使用的灯光类别及数量，并填写表 1-4-8。

表 1-4-8 录制场地灯光布置清单

| 序号 | 灯光类别 | 数量 |
| --- | --- | --- |
| 1 | LED 灯 |  |
| 2 | 灯罩 |  |
| 3 | 深抛柔光箱 |  |
| 4 | 四角柔光箱 |  |
| 5 | 聚光筒 |  |
| 6 | 灯架 |  |

## （二）布置单机位口播视频录制场地灯光

1. 掌握单机位口播视频录制中不同灯具的装配技巧，能提高布光工作效率，保障人员安全，避免发生事故和损坏设备。观看“灯光设备安装示例”相关视频素材，学习不同灯光的安装方法，提取灯光设备的安装步骤与注意事项，填写表 1–4–9。

表 1–4–9 灯光设备的安装步骤

| 顺序 | 步骤 | 安装方法 | 注意事项 |
| --- | --- | --- | --- |
| 1 | 安装灯架 | 1. 检查配件是否齐全<br>2. 均匀分布展开三脚腿<br>3. 解锁锁定机构，调整三脚腿长度符合实际需求后重新锁定<br>4. 检查灯架稳定性 | 1. 安装前检查地面是否平整<br>2. 可使用重物来增加灯架的稳定性 |
| 2 | 安装 LED 灯 | | |
| 3 | 安装深抛柔光箱 | | |
| 4 | 安装四角柔光箱 | | |
| 5 | 安装聚光筒 | | |
| 6 | 安装灯罩 | | |

2. 根据表 1–4–8 所示录制场地灯光布置清单和表 1–4–9 所示灯光设备的安装步骤，进行小组合作，完成单机位口播视频的录制灯光布置。

3. 完成灯光布置后，对比实际灯光效果是否与预期效果相符，并将发现的问题记录在表 1–4–10 中，并尝试调整优化。

表 1–4–10 灯光布置问题记录

| 序号 | 灯光作用 | 灯光位置和类型 | 预期效果 | 实际效果是否与预期效果相符 | 未达到预期效果的原因 | 调整方法与计划 |
| --- | --- | --- | --- | --- | --- | --- |
| 1 | 主光 | | | □是 □否 | | |
| 2 | 填充光 | | | □是 □否 | | |
| 3 | 背光 | | | □是 □否 | | |

## 五、展示与评价单机位口播视频录制现场布置成果

完成录制场地、机位和灯光的实际布置后，进行小组合作，仔细检查布置结果，排除可能存在的安全隐患，同时为汇报录制场地、机位和灯光布置成果做好准备。

1. 现场场地布置完成后，各小组按照表 1–4–11 所示汇报流程及参考汇报话术，对录制场地布置结果进行汇报。

表 1–4–11　　汇报流程及参考汇报话术

| 序号 | 汇报流程 | 参考汇报话术 |
| --- | --- | --- |
| 1 | 团队介绍 | 尊敬的老师、各位同学，大家好！我是 ××× 小组的成员，我们团队成员包括 ×××，其中 ××× 负责…… |
| 2 | 布置内容描述 | 按照脚本和录制方案的要求，我们在场地中布置了（　　）。将（　　）布置在这个位置，能方便（　　）；将（　　）布置在这个位置，是出于（　　）的考虑…… |
| 3 | 实际使用验证 | 完成布置后，我们对布置结果进行了实际试用，由于（　　），我们做出了（　　）调整…… |
| 4 | 安全细节检查 | 在安全检查过程中，我们发现了（　　）问题，并进行了（　　）处理…… |

2. 在听取其他小组汇报时，将发现的问题和提出的建议记录在表 1–4–12 中。

表 1–4–12　　布置问题记录表

| 组别 | 发现的问题 | 提出的建议 |
| --- | --- | --- |
| 小组 1 | | |
| 小组 2 | | |
| 小组 3 | | |
| 小组 4 | | |

3. 完成汇报后，认真听取教师和其他同学对本组布置结果提出的问题及建议，整理意见并对布置结果进行优化调整，将问题和建议及优化方法记录在表 1–4–13 中。

表 1-4-13 问题和建议及优化方法

| 序号 | 教师指导意见 | 其他建议 | 产生的原因 | 优化方法 |
| --- | --- | --- | --- | --- |
| 问题 1 | | | | |
| 问题 2 | | | | |
| 问题 3 | | | | |

4. 采用小组互评与师评相结合的多元评价方式，完成表 1-4-14 的评价。

表 1-4-14 “单机位口播视频录制现场布置成果”考核项目评价表

| 组别： | | | | | | | |
| --- | --- | --- | --- | --- | --- | --- | --- |
| 本考核项目占学习任务考核总分的 10%，可按 10 分计算 | | | | | | | |
| 评价项目 | 得分（小组互评占比 30%、师评占比 70%） | | | | | | |
| | 小组 1 | 小组 2 | 小组 3 | 小组 4 | 小组 5 | 小组 6 | 师评 |
| 1. 场地布置合理美观，按机位和灯光进行布置，计 3 分；可根据实际酌情扣分 | | | | | | | |
| 2. 机位布置合理，画面构图恰当，计 2 分；每错误一处扣 1 分 | | | | | | | |
| 3. 灯光布置效果与主题相符，计 2 分；有所欠缺扣 1 分 | | | | | | | |
| 4. 布置操作流程规范，无安全隐患，计 2 分；有所欠缺扣 1 分 | | | | | | | |
| 5. 布置人员分工明确，团结协作，计 1 分；有所欠缺扣 0.5 分 | | | | | | | |
| 汇总得分 | | | | | | | |

## 六、进行单机位口播视频的录制设备器材操作演练

### （一）解析手机的摄像功能

1. 使用手机录制单机位口播视频不仅操作简便，还能呈现出色的录制效果。熟悉手机的摄像功能，有助于提升录制效率与质量。阅读信息页中的“手机摄像硬件功能解析”相关资料，了解手机摄像的基础知识。根据以下语句的描述，将手机摄像硬件组件对应的编号填在括号内。

A. 图像传感器　　B. 镜头　　C. 光圈　　D. 快门

E. 图像处理器　　F. 自动对焦系统　　G. 防抖系统　　H. 闪光灯

（1）在低光环境下，可使用手机的（　　）来提供额外光源。

（2）手机的（　　）可以减少因手持抖动而导致的摄像模糊。

（3）手机通过相位检测、激光检测、红外检测或对比度检测等技术，实现（　　）的功能，以确保图像清晰。

（4）传感器捕捉到的原始数据，会通过手机内置的（　　）进行色彩校正、降噪、锐化等处理。

（5）手机内部传感器接收光线的曝光时间，由（　　）速度来控制。

（6）通过调节镜头的（　　）大小，可以控制进入相机内部的光线量。

（7）（　　）由一组镜片组合而成，其作用是将光线聚焦到手机内部传感器上。

（8）进入手机摄像机的光信号，通过（　　）转换为电信号，进而形成图像。图像传感器的质量和大小在很大程度上影响着成像效果。

2. 手机硬件为录制功能提供了支持，而手机的摄像软件也配备了丰富的功能，能帮助用户拍摄出高质量的照片和视频。阅读信息页中的“手机拍摄模式与设置”相关资料，探索手机的不同摄像功能和设置，以小组合作的方式，填写表 1–4–15。

表 1–4–15　　手机摄像功能解析

| 序号 | 摄像功能 | 功能解析 |
| --- | --- | --- |
| 1 | 录像模式 | 根据环境条件自动调整设置，如曝光、白平衡和对焦，以获得最佳拍摄效果 |
| 2 | 专业模式 | |
| 3 | 对焦 | |
| 4 | 画面缩放 | |
| 5 | 水平仪 | |
| 6 | 分辨率调整 | |
| 7 | 帧率 | |
| 8 | 防抖 | |
| 9 | 画幅 | |
| 10 | 前置 / 后置转换 | |
| 11 | 高动态范围成像（HDR） | |
| 12 | 参考线 | |

3. 完成手机硬件和软件功能基础知识与操作的学习后，结合表 1-4-15 所示手机摄像功能解析，填写表 1-4-16 中的录制界面效果对应使用的手机摄像功能。

表 1-4-16　　录制界面效果对应的手机摄像功能

| 录制界面效果 | 手机摄像功能 | 录制界面效果 | 手机摄像功能 |
| --- | --- | --- | --- |
|   |  |   |  |
|   |  |   |  |
|   |  |   |  |

## （二）掌握手机摄像曝光和白平衡控制方法

1. 掌握手机摄像的软硬件功能，能为学习手机摄像技巧提供有力支持。手机摄像中的曝光控制，对视频录制画面的亮度和对比度起着重要作用，直接影响视频录制的画面细节呈现效果。阅读信息页中的“手机摄像曝光、白平衡控制方法”相关资料，完成以下问题。

（1）曝光是指在拍摄过程中控制____________接收光线的时间和强度，以获得合适的______和________的图像。正确的曝光可以使画面保留更多的______，而______或______则会导致细节丢失。

（2）手机摄像机在专业模式下可以进行丰富细致的曝光控制操作，这对最终成像画面质量至关重要。将影响手机摄像机曝光的主要设置项目填写在下方横线上。

______________________________________________

______________________________________________

______________________________________________

（3）分别阐述上方罗列的手机摄像机曝光主要设置项目的工作原理和实际应用情境，填写在表 1-4-17 中。

表 1-4-17　　曝光控制分析

| 序号 | 设置项目名称 | 工作原理 | 实际应用情境 |
| --- | --- | --- | --- |
| 1 | 感光度（ISO） | | |
| 2 | 快门速度 | | |
| 3 | 光圈大小 | | |
| 4 | 曝光补偿 | | |

2. 手机摄像机的曝光控制直接影响成像画面的亮度，正确的曝光设置能捕捉更多画面细节。观看“手机摄像曝光控制讲解”相关视频素材，完成以下问题。

（1）观察图 1-4-3，判断图片的曝光状态，并填写在下方横线上。

a)　　b)　　c)

图 1-4-3　不同曝光程度的照片

a）__________　b）__________　c）__________

（2）在不同环境光线下，手机摄像机的光圈恒定为 F/1.6。根据快门和感光度的变化，判断下列场景中可能出现的画面曝光状态。

1）在光线强烈的户外，使用普通快门速度、高感光度设置来录制风景。(　　)

2）在光照不足的户外场地，使用高快门速度、低感光度设置来录制街景。(　　)

3）在光线正常的室内场地，使用较慢的快门速度、高感光度设置来录制室内装饰。(　　)

4）在光照不足的黄昏街道，使用慢快门速度、高感光度设置来录制街景。（　　）

5）在光线正常的室内场地，使用较高的快门速度、高感光度设置来录制运动的人物。（　　）

（3）查看表 1-4-18 中的图片拍摄曝光情况，判断出现的曝光问题，并思考如何调整设备和拍摄参数，以改善过曝或欠曝的问题。

表 1-4-18　曝光问题分析

| 序号 | 曝光示例 | 曝光控制参数 | 曝光问题 | 问题产生原因及调整方法 |
| --- | --- | --- | --- | --- |
| 1 | 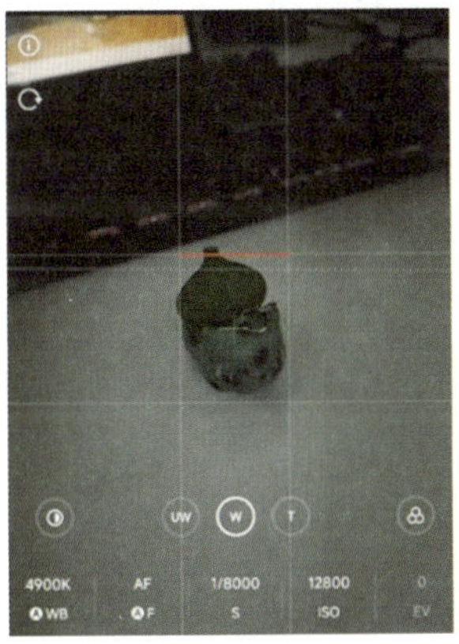  | 光圈恒定：F/1.6<br>快门：1/8000 s<br>感光度（ISO）：12800<br>曝光补偿：0 |  |  |
| 2 |   | 光圈恒定：F/1.6<br>快门：1/40 s<br>感光度（ISO）：50<br>曝光补偿：0 |  |  |
| 3 |   | 光圈恒定：F/1.6<br>快门：1/160 s<br>感光度（ISO）：12800<br>曝光补偿：0 |  |  |

续表

| 序号 | 曝光示例 | 曝光控制参数 | 曝光问题 | 问题产生原因及调整方法 |
| --- | --- | --- | --- | --- |
| 4 | | 光圈恒定：F/1.6<br>快门：0.8 s<br>感光度（ISO）：50<br>曝光补偿：0 | | |
| 5 | | 光圈恒定：F/1.6<br>快门：自动 1/25 s<br>感光度（ISO）：自动 1250<br>曝光补偿：+2.7 | | |

3. 手机通过白平衡控制来调节录制视频的色彩平衡，在不同光线环境下进行单机位视频录制时，白平衡控制直接决定了视频录制时图像色彩的准确性。阅读信息页中的“手机摄像的白平衡控制”相关资料，完成以下问题。

（1）白平衡和色温的定义

1）色温是描述光源______特性的参数，用________作为单位来衡量。不同光源具有不同的色温，对所照明物体呈现的______产生影响。

2）白平衡是指通过校正__________，使不同__________下的图像画面看起来自然，特别是确保______物体在图像中呈现为真正的______。

（2）**【单选】**“AWB”是白平衡调节中的（　　）。

A. 预设白平衡　　B. 自动白平衡　　C. 荧光灯预设　　D. 白炽灯预设

（3）**【单选】**点击手机录制界面中的“WB”按钮，可以进入自定义白平衡调节模式。以下选项中正确的是（　　）。

A. 在暖色灯光的照明下，降低白平衡数值

B. 在暖色灯光的照明下，提高白平衡数值

C. 在阴天的户外环境，使用荧光灯白平衡预设

D. 在阳光充足的室内环境，将白平衡数值设置为 8000 K

（4）判断以下关于色温和白平衡的描述是否正确。

1）光线的色温越高，照明效果越偏向冷色调。（　　）

2）光线的色温越低，照明效果越偏向暖色调。（　　）

3）白平衡色温设置得越高，录制画面越偏向暖色调。（　　）

4）白平衡色温设置得越高，录制画面越偏向冷色调。（　　）

5）在自动白平衡模式下，阴天时录制画面会自动调节到高色温状态，以削弱阴天环境的蓝色调影响。（　　）

6）在手动控制白平衡时，如果是在使用白炽灯照明的室内，应将色温调低，以削弱白炽灯光线的橙色调影响。（　　）

7）在自动白平衡模式和白炽灯照明环境下，录制画面会自动调节到高色温状态。（　　）

4. 在现场录制过程中，需要具备在不同环境中操作手机进行曝光和白平衡控制的实际应用能力。小组各成员练习手机的曝光与白平衡控制，并分享所掌握的知识和技巧，合作完成表 1–4–19。

表 1–4–19　手机曝光控制技巧总结

| 序号 | 拍摄条件 | 感光度（ISO）设置 | 快门速度 |
|---|---|---|---|
| 1 | 明亮的户外 | | |
| 2 | 阴天或黄昏 | | |
| 3 | 阳光充足的室内 | | |
| 4 | 光线昏暗的室内 | | |
| 5 | 夜景 | | |
| 6 | 运动或快速动作 | | |

## 七、录制单机位口播视频

1. 掌握手机摄像曝光与白平衡的控制方法后，可以根据信息页中的“文字录制脚本”相关资料开展现场录制。阅读信息页中的“分段式录制”相关资料，完成以下问题。

（1）根据信息页中的“文字录制脚本”相关资料，明确各段落拍摄内容，思考段落表现重点，进行小组合作，填写表 1–4–20。

表 1-4-20　分段式录制流程

| 录制段落 | 拍摄内容 | 表现重点 |
| --- | --- | --- |
| 段落 1 | | |
| 段落 2 | | |
| 段落 3 | | |
| 段落 4 | | |
| 段落 5 | | |
| 段落 ... | | |

（2）录制前与主播沟通每个段落的录制要求，能提高拍摄效率，节省人力。思考单机位口播视频录制中与主播沟通的要点和注意事项，进行小组合作，填写表 1-4-21。

表 1-4-21　单机位口播视频沟通要点

| 序号 | 沟通要点 | 要点内容 | 注意事项 |
| --- | --- | --- | --- |
| 1 | 位置 | | |
| 2 | 状态 | | |
| 3 | 语速 | | |

续表

| 序号 | 沟通要点 | 要点内容 | 注意事项 |
|---|---|---|---|
| 4 | 语调 | | |
| 5 | 姿势 | | |
| 6 | 表情 | | |

2. 根据文字录制脚本、分段式录制流程和单机位口播视频沟通要点中的相关信息，进行现场录制。

（1）在单机位口播视频的录制过程中，需实时监控视频画面，记录录制进度和状态，并填写表 1–4–22 中的录制进度与重录原因。

（2）根据记录的录制进度与重录原因，思考并填写表 1–4–22 中的解决方法，对现场录制过程中出现问题的段落进行重录。

表 1–4–22　单机位口播视频录制记录

| 段落 | 录制进度 | 重录原因 | 解决方法 |
|---|---|---|---|
| 1 | □完成　□需重录　□未完成 | | |
| 2 | □完成　□需重录　□未完成 | | |
| 3 | □完成　□需重录　□未完成 | | |
| 4 | □完成　□需重录　□未完成 | | |
| 5 | □完成　□需重录　□未完成 | | |
| 6 | □完成　□需重录　□未完成 | | |

## 八、展示单机位口播视频录制成果

展示单机位口播视频录制成果和记录工作过程的表格，分享视频录制工作的心得体会。采用自评、小组互评与师评相结合的多元评价方式，完成表 1–4–23 的评价。

表 1-4-23　　“单机位口播视频录制成果”考核项目评价表

组别：

本考核项目占学习任务考核总分的 10%，可按 10 分计算

| 评价项目 | 得分（自评占比 20%、小组互评占比 30%、师评占比 50%） | | | | | | | |
|---|---|---|---|---|---|---|---|---|
| | 自评 | 小组 1 | 小组 2 | 小组 3 | 小组 4 | 小组 5 | 小组 6 | 师评 |
| 1. 录制段落划分清晰明确，构图与分镜头相符合，计 3 分；每错误一处扣 1 分 | | | | | | | | |
| 2. 录制工作中保持与主播的有效沟通，根据录制段落需求调整主播位置、场地设备与灯光，计 4 分；每错误一处扣 1 分 | | | | | | | | |
| 3. 完成所有段落录制，计 1 分；有所欠缺此项不得分 | | | | | | | | |
| 4. 录制人员分工明确，团结协作，对录制问题记录准确，具有细致严谨的职业素养，计 2 分；有所欠缺扣 0.5 分 | | | | | | | | |
| 汇总得分 | | | | | | | | |

# 学习环节五　过程控制

## 学习目标

1. 能根据单机位口播视频拍摄要求、企业质量体系管理制度及《中华人民共和国著作权法》等相关法律法规，运用输出检验法，对初录视频素材的构图、景别、曝光度、主播状态及台词与视频内容的完整度和意识形态进行全面检查、筛选与审核。

2. 能与摄像师积极沟通，根据其反馈意见安排补录，确保样片内容完整、品质高，无违规与侵权问题。

3. 能采用资料归类整理法，按照工作过程和工作内容对视频素材进行命名、存储和归档，确保素材查找、调取和使用的高效便捷。

4. 能根据设备使用手册，对录制中使用的相关设备进行检查，与设备管理员沟通，确认设备外观及使用情况无误后，填写设备入库单并及时归还设备。

5. 能根据单机位口播视频录制的工作时间安排和任务交付要求，将视频素材交付摄像师验收，确保交付内容完整，格式正确。

## 建议学时

6 学时

## 学习要求

| 序号 | 学习步骤 | 学习内容 | 学时 |
| --- | --- | --- | --- |
| 1 | 检查单机位口播视频的录制素材 | 1. 用于视频素材构图、景别、曝光度、声音、内容完整度和意识形态的检查的输出检验方法（理论）<br>2. 视频素材的检查和筛选（实践）<br>3. 意识形态的把控能力（素养） | 2 |

续表

| 序号 | 学习步骤 | 学习内容 | 学时 |
|---|---|---|---|
| 2 | 实施单机位口播视频问题素材的补录 | 1. 口播视频素材补录（实践）<br>2. 严谨求实的劳动精神（素养） | 1 |
| 3 | 整理和归还单机位口播视频的录制场地 | 口播视频的录制场地的还原（实践） | 1 |
| 4 | 归档并备份单机位口播视频素材 | 1. 用于视频文件的标签编号法、归类的资料归类整理法（理论）<br>2. 视频的存储和分类整理（实践）<br>3. 企业文件资料管理标准规范的遵循（理论） | 1 |
| 5 | 归还录制设备并交付视频素材 | 1. 录制设备的使用和保养（理论）<br>2. 设备入库单的规范填写（实践）<br>3. 视频素材交付途径的选择（理论）<br>4. 责任意识（素养） | 1 |

## 一、检查单机位口播视频的录制素材

1. 视频素材输出检查是确保提交的视频录制素材质量达到预期标准的重要环节。阅读信息页中的“视频素材的输出检验”相关资料，思考视频素材输出检验的组成要素有哪些，将图 1–5–1 补充完整。

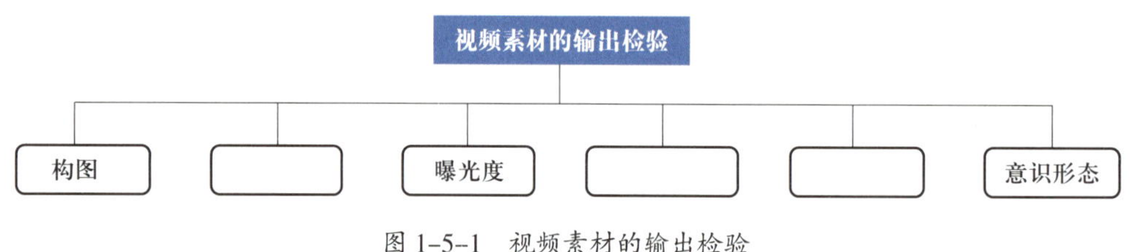


图 1–5–1　视频素材的输出检验

2. 在视频素材的检查阶段，意识形态的检查尤为重要，阅读信息页中的“视频素材的意识形态”相关资料，听取教师讲解，完成以下问题。

（1）视频素材的意识形态把控是指在______、编辑和______视频内容时，对其中所包含的______、信仰、价值观和行为准则进行管理和指导，以确保视频内容符合特定的社会、文化和政治标准。

视频素材中的意识形态起着塑造认知、______、激发情感、________、反映和塑造文化等多方面的作用。它是一个复杂而多维的现象，对个人和社会都有着深远的______。

（2）阅读信息页中的“视频素材的意识形态”相关资料，小组合作梳理意识形态要素与具体内容，填写表 1–5–1。

表 1-5-1 意识形态要素与具体内容

| 序号 | 意识形态要素 | 具体内容 |
|---|---|---|
| 1 | 内容审查 | |
| 2 | 价值导向 | |
| 3 | 文化敏感性 | |
| 4 | 政治正确性 | |
| 5 | 社会责任 | |
| 6 | 版权和知识产权 | |
| 7 | 审美标准 | |
| 8 | 法律法规遵守 | |

3. 阅读信息页中的“视频素材的输出检验”相关资料，根据表 1-5-1 所示意识形态要素与具体内容和图 1-5-1 所示视频素材的输出检验，小组合作梳理视频素材输出检验的组成要素所对应的具体标准，填写表 1-5-2。

表 1-5-2 视频素材输出检验的组成要素与具体标准

| 序号 | 组成要素 | 具体标准 |
|---|---|---|
| 1 | 构图 | 画面布局应______、______，主体突出，符合______原则。遵循“三分法则”和“黄金分割”等构图技巧 |
| 2 | ____ | 根据视频内容和叙事需要，合理选择______、______、______或特写等景别。景别转换自然流畅，有效传达______和______ |
| 3 | 曝光度 | 画面曝光应______，细节清晰可见。在不同光照条件下保持良好的曝光控制，避免__________ |
| 4 | ____ | 音频清晰，无杂音，______同步。背景音乐和声效与__________相匹配 |
| 5 | __________ | 视频__________，叙事清晰。充分展示关键信息和情节，没有遗漏 |
| 6 | 意识形态 | 包括视频传达的______和______、价值导向、____________、政治正确性等与____________相符，避免引发争议或误解 |

4. 根据表 1-5-2 所示视频素材输出检验的组成要素与具体标准，结合单机位口播视频文字录制脚本，对已完成的录制素材进行检查，填写表 1-5-3。

表 1-5-3　　单机位口播视频录制素材问题记录

| 镜号 | 时长 | 景别 | 构图 | 收音 | 画面 | 是否需要补录 |
|---|---|---|---|---|---|---|
| | | | | | | □是　□否 |
| | | | | | | □是　□否 |
| | | | | | | □是　□否 |
| | | | | | | □是　□否 |
| | | | | | | □是　□否 |
| | | | | | | □是　□否 |
| | | | | | | □是　□否 |
| | | | | | | □是　□否 |
| | | | | | | □是　□否 |
| | | | | | | □是　□否 |

## 二、实施单机位口播视频问题素材的补录

1. 筛除不合格的视频素材之后，需对缺失的视频素材进行补录，以保证素材的完整性。阅读信息页中的“补录视频素材的注意事项”相关资料，将下方补录视频素材的注意事项填写到对应的括号中。

注意事项有：光线一致性、画面稳定性、拍摄角度和距离、声音匹配、色彩和色调、内容衔接、帧率和分辨率。

（1）（　　　　　　）：尽量使补录部分的光线条件与原始视频相近，避免出现明显的光线差异。

（2）（　　　　　　）：使用稳定设备，确保补录的画面平稳，不抖动。

（3）（　　　　　　）：保持与原始视频相似的拍摄角度和距离，以保证画面的连贯性。

（4）（　　　　　　）：注意声音的连贯性和一致性，避免声音音量、音色等有较大差别。

（5）（　　　　　　）：使补录部分的色彩和色调与原始视频相符。

（6）（　　　　　　）：确保补录内容在情节和逻辑上能自然地与原视频衔接。

（7）（　　　　　　）：与原始视频保持一致的帧率和分辨率。

2. 明确补录视频素材的注意事项后，助理摄像师应掌握视频素材常见质量问题的解决方法。阅读信息页中的“视频素材常见质量问题的解决方法”相关资料，小组合作梳理录制视频素材的常见问题与解决方法，填写表 1-5-4。

表 1-5-4　　录制视频素材的常见问题与解决方法

| 序号 | 素材的常见问题 | 解决方法 |
|---|---|---|
| 1 | 画面模糊 | |
| 2 | 画面抖动 | |
| 3 | 声音不清晰 | |
| 4 | 光线不均匀 | |

3. 根据表 1-5-3 所示单机位口播视频录制素材问题记录以及信息页中的“补录视频素材的注意事项”和“视频素材常见质量问题的解决方法”相关资料进行小组合作，实施素材补录，注意解决原素材录制问题，培养严谨求实的工作态度。

4. 根据表 1-5-2 所示视频素材输出检验的组成要素与具体标准，小组互换视频素材，检验素材是否符合标准，填写表 1-5-5。

表 1-5-5　　补录视频质量检验单

| 镜号 | 检验组 | 被检验组 | 补录进度 | 检验情况 | 不合格原因 |
|---|---|---|---|---|---|
| | | | □ 已完成　□ 未完成 | □ 合格　□ 不合格 | |
| | | | □ 已完成　□ 未完成 | □ 合格　□ 不合格 | |
| | | | □ 已完成　□ 未完成 | □ 合格　□ 不合格 | |
| | | | □ 已完成　□ 未完成 | □ 合格　□ 不合格 | |
| | | | □ 已完成　□ 未完成 | □ 合格　□ 不合格 | |
| | | | □ 已完成　□ 未完成 | □ 合格　□ 不合格 | |

## 三、整理和归还单机位口播视频的录制场地

### （一）整理录制场地

1. 视频素材录制工作完成后，需归还录制场地。阅读信息页中的“录制场地整理的顺序与标准”相关资料，进行小组合作，完成以下问题。

（1）将下面的录制场地整理项目按照顺序填写在下方横线上。

录制场地整理项目：打扫地面卫生、检查场地设施状态、整理插线板、物品位置还原、清理杂物、清洁场地设施、关闭场地电源

______________________________________________

______________________________________________

（2）阅读信息页中的“录制场地整理的顺序与标准”相关资料，根据录制场地整理项目顺序，填写表 1-5-6。

表 1-5-6　单机位口播视频录制场地整理清单

| 序号 | 整理项目 | 整理标准 |
| --- | --- | --- |
| 1 | | |
| 2 | | |
| 3 | | |
| 4 | | |
| 5 | | |
| 6 | | |
| 7 | | |

2. 根据表 1-5-6 所示单机位口播视频录制场地整理清单，小组分工整理录制场地，以照片形式对整理情况进行留存。

3. 根据表 1-5-6 所示单机位口播视频录制场地整理清单与现场勘景时留存的录制现场照片，小组互换验收整理后的录制场地，依据验收情况，填写表 1-5-7。

表 1-5-7　　单机位口播视频录制场地验收单

| 序号 | 整理项目 | 整理情况 | 不合格原因 | 验收人 |
| --- | --- | --- | --- | --- |
| 1 | 整理插线板 | □合格　□不合格 | | |
| 2 | 还原物品位置 | □合格　□不合格 | | |
| 3 | 清洁场地设施 | □合格　□不合格 | | |
| 4 | 记录场地设施状态 | □合格　□不合格 | | |
| 5 | 清理杂物 | □合格　□不合格 | | |
| 6 | 打扫地面卫生 | □合格　□不合格 | | |
| 7 | 关闭场地电源 | □合格　□不合格 | | |
| | 整改情况：□已整改　□未整改　整改小组： | | | |

4. 根据表 1-5-7 中的验收情况，对场地进行整改。

## （二）归还单机位口播视频录制场地

1. 归还录制场地时可能会遇到各种问题。阅读信息页中的“归还录制场地纠纷情景案例”相关资料，进行小组讨论，完成以下问题。

（1）还原录制场地后，归还录制场地，场地管理员以场地物品损坏为由扣除押金。

解决方法：________________________________

________________________________

________________________________

（2）记错了场地归还时间，晚了两个小时归还录制场地，被扣除押金。

解决方法：________________________________

________________________________

________________________________

（3）归还场地时未在场地使用登记表的归还确认处签字，两周后被要求补缴两周场地使用费。

解决方法：____________________________________________

____________________________________________

____________________________________________

2. 及时归还整改完成的录制场地，交由场地管理员验收无误后，在场地使用登记表的归还确认处签字并拍照留存。

## 四、归档并备份单机位口播视频素材

### （一）了解企业视频文件资料的管理标准规范

视频素材的归档与备份是单机位口播视频录制工作的重要环节。阅读信息页中的“企业视频文件资料管理标准规范”相关资料，听取教师讲解，明确企业视频文件资料的管理标准规范，完成下列问题。

1. 企业视频文件资料的管理标准规范涉及视频文件的______、整理、______、保管、利用以及监督等多个方面，以确保视频资料的真实性、________、________和安全性。

2. 了解企业视频文件资料的管理标准规范对摄像师的影响，进行小组讨论，将图 1–5–2 补充完整。

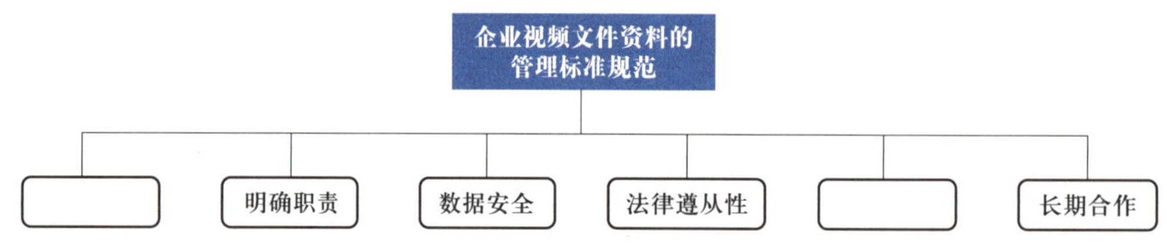


图 1–5–2 企业视频文件资料的管理标准规范对摄像师的影响

### （二）复制与备份单机位口播视频素材

1. 归还录制场地后，为防止素材丢失，需进行素材备份。阅读信息页中的“视频的存储与分类整理”相关资料，小组讨论三种备份途径所对应的备份方法以及优缺点，填写表 1–5–8。

表 1–5–8 视频素材的备份途径与方法总结

| 序号 | 备份途径 | 媒介 | 备份方法 | 优缺点 |
| --- | --- | --- | --- | --- |
| 1 | 本地备份 | 计算机 | | |

续表

| 序号 | 备份途径 | 媒介 | 备份方法 | 优缺点 |
| --- | --- | --- | --- | --- |
| 1 | 本地备份 | 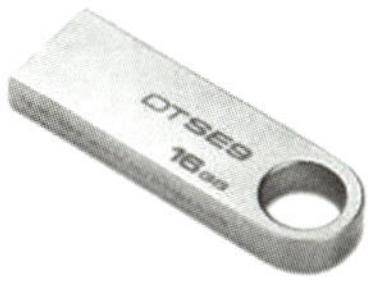<br>U 盘 | | |
| | | 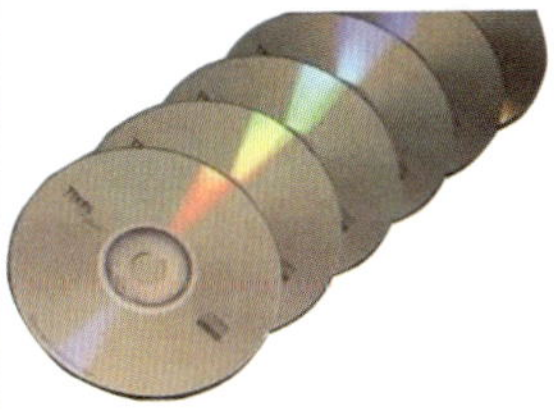<br>光盘 | | |
| 2 | 云备份 | 百度网盘<br>云端网站 | | |
| 3 | 自动备份 | 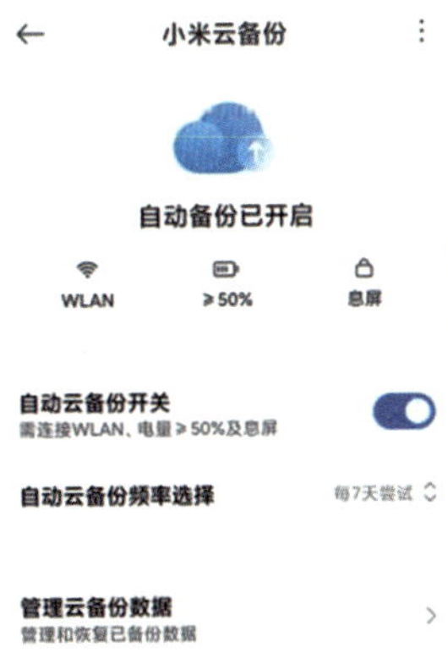<br>手机设置 | | |

2. 根据表 1-5-8 提到的三种备份途径，按照对应的备份方法对本次拍摄的素材进行备份。

### （三）实施视频文件的标签编号法

完成备份后，要对视频素材进行编号，这有助于后期处理人员开展工作，提高工作效率。阅读信息页中的“视频文件的标签编号法”相关资料，听取教师讲解，完成以下问题。

1. 视频文件的标签编号法是一种________和________管理视频资料的方法，通过为每个视频文件分配______的标签或编号，以便于检索、分类和存储。

2. 梳理视频文件的标签编号法的实施要点，进行小组合作，根据讨论结果，将图 1–5–3 填写完整。

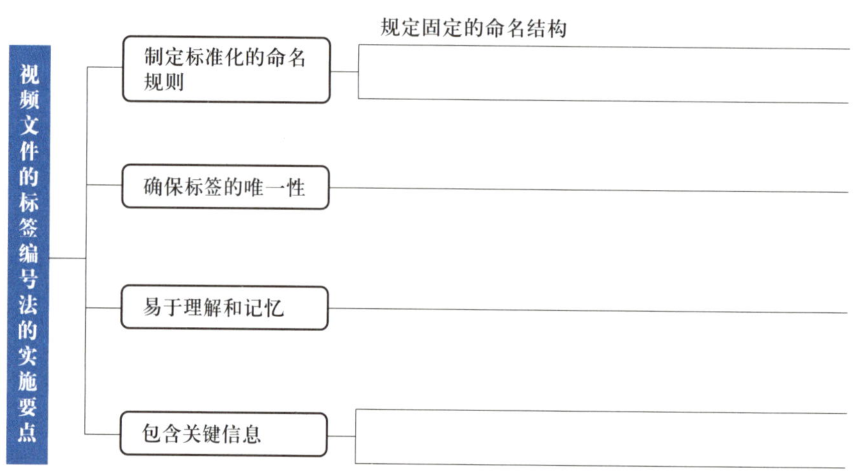


图 1–5–3 视频文件的标签编号法的实施要点

### （四）整理视频素材

1. 阅读图 1–5–3 所示视频文件的标签编号法的实施要点与表 1–1–4 所示任务关键信息提取，进行小组讨论，从下列选项中选择适合本任务视频素材的编号形式，说明选择的理由。

A. ××××年××月××日 – 视频主题 – 版本号　　B. 项目缩写 – 序列编号 – 日期

C. 内容分类 – 具体描述 – 日期　　D. 镜头编号 – 内容描述 – 日期

选择（　　），原因是________________________________________

不选择以上选项，使用________________的编号形式，原因是____________________。

2. 进行小组分工，根据选定的编号形式，对素材进行命名。

## 五、归还录制设备并交付视频素材

### （一）保养录制设备

1. 归还录制设备前，应对设备进行检查和保养，这样可以延长设备的使用寿命。阅读信息页中的“保养录制设备的作用”相关资料，完成以下问题。

保养录制设备的作用包括保证录制质量、________________、减少故障发生、__________。

2. 观看“录制设备的保养”相关视频素材，进行小组讨论，梳理设备的保养方法，填写表 1–5–9，并对录制设备进行保养。

表 1–5–9 录制设备保养操作

| 序号 | 设备类型 | 设备名称 | 保养内容 | 保养方法 |
|---|---|---|---|---|
| 1 | 录制设备 | 手机 | 清洁镜头 | |
| | | | 清洁屏幕 | |
| | | | 管理存储 | |
| | | | 管理电池 | |
| 2 | 稳定设备 | 三脚架 | 清洁外观 | |
| | | | 检查螺钉紧固情况 | |
| | | | 检查脚垫 | |
| | | | 润滑关节 | |
| 3 | 录音设备 | 领麦夹 | | |

3. 根据表 1–5–9 所示录制设备保养操作进行小组分工，对录制设备进行保养。

## （二）归还单机位口播视频录制设备

1. 归还录制设备时可能会出现一些意外事件，导致设备归还不顺利或造成经济损失。阅读情景材料中的文字，小组合作完成以下问题。

小明是一名助理摄像师。由于急着参加朋友的聚会，在归还录制设备时，他既没有检查设备状态，也没有核对归还设备的数量和型号是否与入库单信息一致，便匆匆签字离开了。

下午，小明接到设备管理员的电话，得知入库时发现丢失了一支录音笔，且三脚架的零件也有缺失。小明立刻赶回去寻找，但一无所获，最终只能按原价进行赔偿。

（1）小明在工作中犯了哪些错误？

______________________________

______________________________

（2）在工作中如何避免类似问题发生？

______________________________

______________________________

______________________________

2. 归还录制设备时，与管理员核对归还设备的型号和数量是否与录制设备领取清单一致，并填写表 1-5-10。

表 1-5-10　　录制设备入库单

| 入库单号 | 入库日期 | 设备名称 | 设备型号 | 数量 | 设备状态 | 验收人 |
| --- | --- | --- | --- | --- | --- | --- |
| | | | | | | |
| | | | | | | |
| | | | | | | |
| | | | | | | |
| | | | | | | |
| | | | | | | |
| 交还人： | | | | 日期： | | |

3. 归还设备后，对照表 1-5-11 中的注意事项，按照严谨求实的工作态度进行自查。

表 1-5-11　　归还设备注意事项自查

| 序号 | 注意事项 | 自查情况 |
| --- | --- | --- |
| 1 | 归还前，全面细致地检查设备外观是否有损坏，功能是否正常，确认无损坏、磨损或缺失配件 | |
| 2 | 一旦发现设备存在损坏或故障，应立即报告相关人员并详细记录具体情况，以便安排维修或采取其他应对措施 | |

续表

| 序号 | 注意事项 | 自查情况 |
|---|---|---|
| 3 | 确保设备干净整洁，无灰尘、污渍或其他污染物 | |
| 4 | 若设备需要特定的维护或润滑，务必在归还前完成 | |
| 5 | 准备好归还清单，列出归还设备的名称、型号、序列号、归还日期等详细信息 | |
| 6 | 若有维修记录或更换配件的记录，也应一并整理提交 | |
| 7 | 在归还设备时，务必获取接收方的确认，确认形式可以是签字或电子确认等 | |
| 8 | 妥善保留归还确认记录，以备日后查询或核实 | |
| 9 | 归还过程中，与相关人员保持良好沟通，以便及时解决出现的任何问题 | |
| 10 | 若在设备使用过程中有任何建议或反馈，可在归还时一并提出，帮助完善设备管理和使用流程 | |

## （三）交付单机位口播视频素材

1.【单选】交付单机位口播视频素材是本次录制工作的最后一步，也是最关键的一步。查阅信息页中的“交付单机位口播视频素材”相关资料，结合表 1-1-4 所示任务关键信息提取中视频素材的交付要求，可知合适的交付载体与途径为（　　）。

A. U 盘，线下交付　　B. 光盘，线下交付　　C. 电子邮件，线上交付

2. 根据素材的交付标准，选定交付载体与提交途径。在交付日期前交付素材给教师，培养责任意识。双方确认无误后，填写表 1-5-12。

表 1-5-12　　项目交付确认单

<table>
<tr><td colspan="2">项目名称</td><td colspan="2">交付内容</td><td>交付日期</td></tr>
<tr><td colspan="2"></td><td colspan="2"></td><td></td></tr>
<tr><td>交付方</td><td colspan="2"></td><td colspan="2">交付方式</td></tr>
<tr><td rowspan="2">接收方</td><td rowspan="2" colspan="2"></td><td>验收结果</td><td>□ 合格　□ 不合格　□ 部分合格　□ 待定</td></tr>
<tr><td>验收人签字</td><td></td></tr>
<tr><td colspan="3">交付方签字确认：</td><td colspan="2">接收方签字确认：</td></tr>
</table>

3. 组内展示本次录制的单机位口播视频素材，分享在完成任务过程中的心得体会。采用自评、小组互评与师评相结合的多元评价方式，完成表 1-5-13 的评价。

表 1-5-13 “单机位口播视频素材”考核项目评价表

组别：

本考核项目占学习任务考核总分的 14%，可按 14 分计算

| 评价项目 | 得分（自评占比 20%、小组互评占比 30%、师评占比 50%） | | | | | | | |
|---|---|---|---|---|---|---|---|---|
| | 自评 | 小组 1 | 小组 2 | 小组 3 | 小组 4 | 小组 5 | 小组 6 | 师评 |
| 1. 画面的清晰度、分辨率和构图与录制要求相符，计 2 分；每错误一处扣 1 分 | | | | | | | | |
| 2. 视频声音清晰，无杂音或回声，有良好的语言表达和节奏控制，计 3 分；每错误一处扣 0.5 分 | | | | | | | | |
| 3. 视频内容与目标主题紧密相关，提供了准确、有用的信息，无误导性或不符合意识形态的信息，计 3 分；有所欠缺扣 1 分 | | | | | | | | |
| 4. 视频有清晰的开头、情节推进和结尾，逻辑通顺，有效传达核心信息，计 4 分；有所欠缺扣 1 分 | | | | | | | | |
| 5. 视频的拍摄手法专业，没有技术错误，视频的格式和编码符合播放要求，计 2 分；有技术错误此项不得分 | | | | | | | | |
| 汇总得分 | | | | | | | | |

# 学习环节六　评价反馈

## 学习目标

能依据任务录制流程进行任务回顾，反思学习过程中遇到的技术难点与问题，完成任务小结并进行展示交流。

## 建议学时

4 学时

## 学习要求

| 序号 | 学习步骤 | 学习内容 | 学时 |
| --- | --- | --- | --- |
| 1 | 梳理单机位口播视频录制任务的技术要点 | 1. 单机位口播视频录制任务的反思（理论）<br>2. 单机位口播视频录制技术要点梳理（实践）<br>3. 个人成长可持续发展意识（素养） | 2 |
| 2 | 进行单机位口播视频录制工作反思 | 1. 单机位口播视频录制技术要点梳理评价（实践）<br>2. 与人交流的能力（素养） | 2 |

### 一、梳理单机位口播视频录制任务的技术要点

回顾单机位口播视频录制流程，梳理任务关键节点及对应的技术点，有助于巩固所学知识，培养可持续发展意识。进行小组讨论，完成以下问题。

1. 本次单机位口播视频录制任务的关键流程有________、________、________、________、________。

2. 回顾“获取信息”环节，梳理任务技术要点，将图 1-6-1 填写完整。

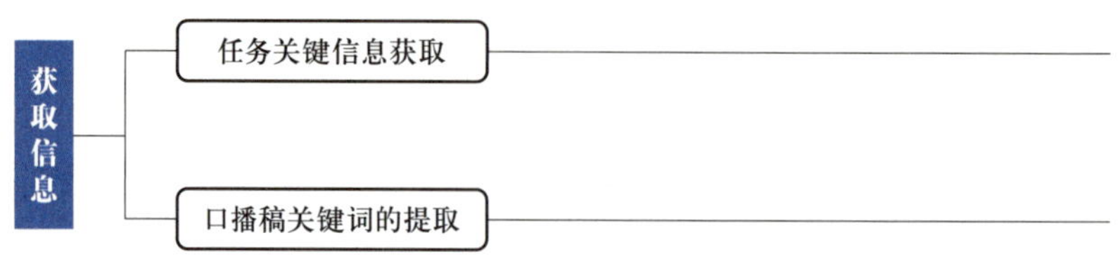


图 1-6-1　单机位口播视频录制任务“获取信息”流程

3. 回顾“制订计划”环节，梳理任务技术要点，将图 1-6-2 补充完整。

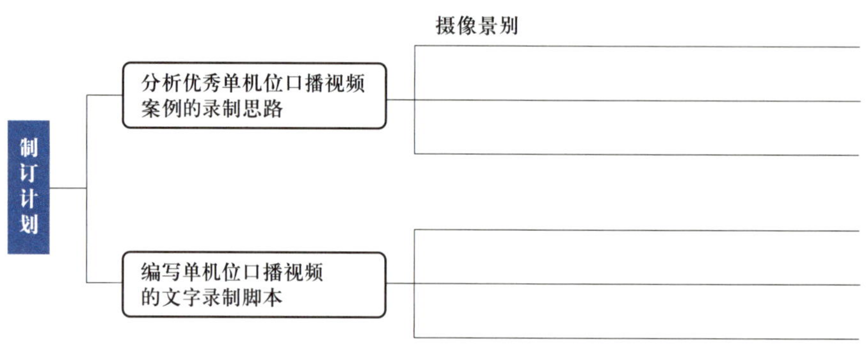


图 1-6-2　单机位口播视频录制任务“制订计划”流程

4. 回顾“做出决策”环节，梳理任务技术要点，将图 1-6-3 填写完整。

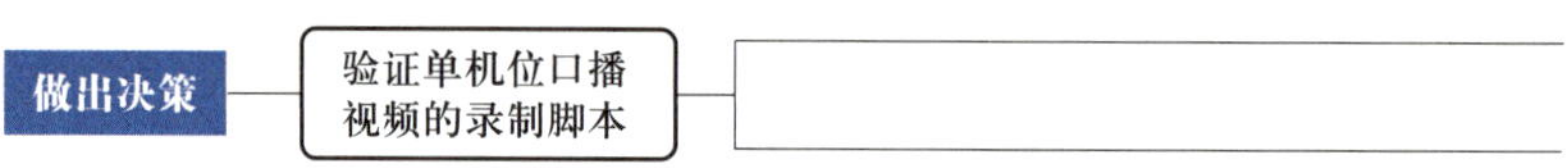


图 1-6-3　单机位口播视频录制任务“做出决策”流程

5. 回顾“实施计划”环节，梳理任务技术要点，将图 1-6-4 补充完整。

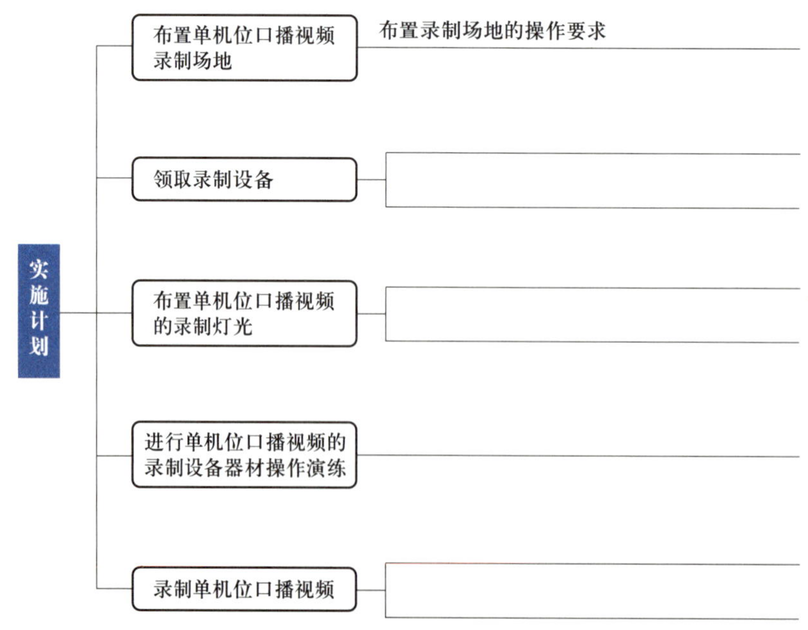


图 1-6-4　单机位口播视频录制任务“实施计划”流程

6. 回顾“过程控制”环节，梳理任务技术要点，将图 1-6-5 补充完整。

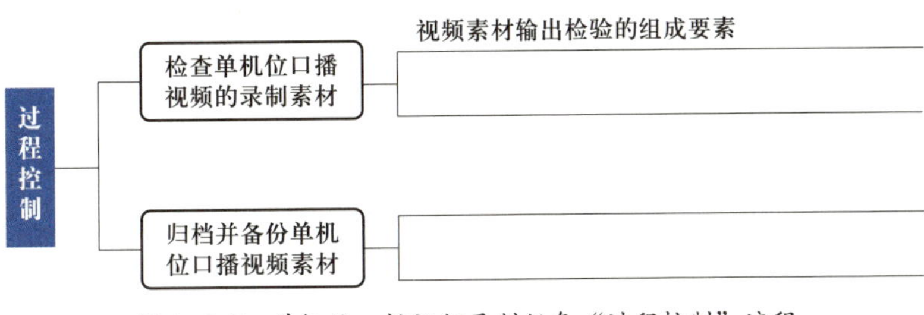


图 1-6-5　单机位口播视频录制任务“过程控制”流程

## 二、进行单机位口播视频录制工作反思

### （一）回顾单机位口播视频录制任务

回顾单机位口播视频的录制过程，根据各任务的关键内容，将任务执行中的实际操作情况和遇到的问题填写在表 1-6-1 中，小组共同讨论问题的解决方法。

表 1-6-1　　关键学习步骤工作情况的分析

| 任务环节 | 学习步骤 | 工作情况 | 工作时间 | 问题 | 解决方法 |
|---|---|---|---|---|---|
| 获取信息 | 1. 明确单机位口播视频录制的任务要求 | | | | |
| | 2. 提取单机位口播视频口播稿中的关键词 | | | | |
| 制订计划 | 1. 分析优秀单机位口播视频案例的录制思路 | | | | |
| | 2. 勘察单机位口播视频录制现场情况 | | | | |
| | 3. 制定单机位口播视频的录制思路 | | | | |
| | 4. 制定单机位口播视频录制方案的设备清单 | | | | |
| 做出决策 | 验证单机位口播视频的录制脚本 | | | | |
| 实施计划 | 1. 布置单机位口播视频录制场地 | | | | |
| | 2. 领取并检查单机位口播视频的录制设备 | | | | |

续表

| 任务环节 | 学习步骤 | 工作情况 | 工作时间 | 问题 | 解决方法 |
|---|---|---|---|---|---|
| 实施计划 | 3. 架设单机位口播视频的录制机位 | | | | |
| | 4. 布置单机位口播视频的录制灯光 | | | | |
| | 5. 进行单机位口播视频的录制设备器材操作演练 | | | | |
| | 6. 录制单机位口播视频 | | | | |
| 过程控制 | 1. 实施单机位口播视频问题素材的补录 | | | | |
| | 2. 归档并备份单机位口播视频素材 | | | | |
| | 3. 归还录制设备并交付视频素材 | | | | |

## （二）进行单机位口播视频录制经验分享

1. 分组展示单机位口播视频的录制素材，分享和回顾单机位口播视频录制工作中收获的经验，其他组进行补充或纠正。观看其他小组同学的汇报，将发现的问题和准备提出的建议填写在表 1-6-2 中。

表 1-6-2　单机位口播视频录制问题与建议

| 序号 | 组别 | 画面问题 | 音频问题 | 素材问题 | 意识形态问题 | 任务完成度问题 | 建议 |
|---|---|---|---|---|---|---|---|
| 1 | | | | | | | |
| 2 | | | | | | | |
| 3 | | | | | | | |
| 4 | | | | | | | |

2. 听取并记录教师对本次任务完成过程中的难点与易错点的分析，记录他人单机位口播视频录制中的经验和可借鉴之处，然后转化为个人录制工作的改进思路，填写表 1–6–3。

表 1–6–3　　个人录制工作的改进思路

| 序号 | 项目 | 记录内容 |
| --- | --- | --- |
| 1 | 难点与易错点 | |
| 2 | 可借鉴点 | |
| 3 | 个人录制工作的改进思路 | |

3. 通过回顾单机位口播视频录制任务过程，根据技术要点与表 1–6–1 所示关键学习步骤工作情况的分析与表 1–6–3 所示个人录制工作的改进思路，采用自评、组间配对互评与师评相结合的多元评价方式，完成表 1–6–4 的评价。

表 1–6–4　　“单机位口播视频录制任务反思”考核项目评价表

组别：

本考核项目占学习任务考核总分的 8%，可按 8 分计算

| 评价项目 | 得分（自评占比 20%、组间配对互评占比 30%、师评占比 50%） | | | | | | | | |
| --- | --- | --- | --- | --- | --- | --- | --- | --- | --- |
| | 自评 | 组间配对互评（学生姓名） | | | | | | | 师评 |
| | | | | | | | | | |
| 1. 任务流程回顾完整、准确、合理，技术要点及环节对应准确，计 2 分；有所欠缺扣 0.5 分 | | | | | | | | | |
| 2. 任务技术要点的梳理正确，无遗漏，计 3 分；每错误一处扣 0.5 分 | | | | | | | | | |
| 3. 工作反思全面、客观，能记录他人单机位口播视频录制经验中的可借鉴点，转换为个人录制工作的改进思路，计 2 分；根据实际情况酌情扣分 | | | | | | | | | |
| 4. 能在其他单机位视频录制中使用本任务学习内容，进行知识迁移，计 1 分；有所欠缺扣 0.5 分 | | | | | | | | | |
| 汇总得分 | | | | | | | | | |

技工院校工学一体化课程教学资源

技工院校多媒体制作专业工学一体化教材

# 视频作品的录制
# 工作页

主编 韩 琨

## 学习任务三
## 多机位活动视频的录制

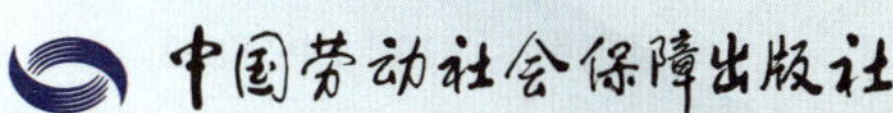

## 简介

本书为技工院校多媒体制作专业“视频作品的录制”工学一体化课程的工作页，依据《多媒体制作专业国家技能人才培养工学一体化课程标准》编写，供各地技工院校开展工学一体化教学使用。

本书主要包括单机位口播视频的录制、双机位人物访谈视频的录制、多机位活动视频的录制三个学习任务，每个学习任务包含获取信息、制订计划、做出决策、实施计划、过程控制、评价反馈六个学习环节。

完成本书中学习任务所需的相关素材可通过技工教育网（https://jg.class.com.cn）下载并使用。

**图书在版编目（CIP）数据**

视频作品的录制工作页 / 韩琨主编. -- 北京 : 中国劳动社会保障出版社, 2025. -- (技工院校工学一体化课程教学资源)(技工院校多媒体制作专业工学一体化教材). -- ISBN 978-7-5167-7093-1

Ⅰ. TP37

中国国家版本馆 CIP 数据核字第 2025EZ5562 号

**视频作品的录制工作页**

SHIPIN ZUOPIN DE LUZHI GONGZUOYE

中国劳动社会保障出版社出版发行

（北京市惠新东街 1 号　邮政编码：100029）

*

北京市艺辉印刷有限公司印刷装订　　新华书店经销

880 毫米 ×1230 毫米　16 开本　18.75 印张　409 千字

2025 年 7 月第 1 版　　2025 年 7 月第 1 次印刷

**定价：49.00 元**

营销中心电话：400-606-6496

出版社网址：https://www.class.com.cn

https://jg.class.com.cn

# 技工院校工学一体化课程教学资源
# 技工院校多媒体制作专业工学一体化教材

## 开发院校

**牵头院校：**北京市工艺美术技师学院

**参与院校：**山东水利技师学院　安徽阜阳技师学院

## 指导专家

张利芳　陈海娜　马　琳

## 本书编审人员

**主　　编：**韩　琨

**参　　编：**刘　意　刘　朝　杨　敏　于　鑫　岳姗姗　陈一民　唐　盼

**审　　稿：**李　飞　郝金亭

**指　　导：**马　琳　陈海娜

# 序

技工教育的本质是就业教育，其最显著的特征是职业性，其最好的培养模式就是“在工作中学习、在学习中工作”。培育大批高技能人才，既要适应新一轮科技革命和产业变革的需要，也要遵循技能人才成长发展规律，创新技能人才培养方式。推进工学一体化技能人才培养模式改革是推进校企融合、提质培优的重要途径，是技工院校服务制造业和实体经济发展的务实举措。

2009 年，人力资源社会保障部办公厅印发了《技工院校一体化课程教学改革试点工作方案》，分三批在部分技工院校试点开展工学一体化课程教学改革工作，到 2021 年已经覆盖 31 个专业 191 所部级试点院校。经过十多年的发展，理念得到认同、试点不断扩大、学生学习兴趣明显提高，取得了显著成效。2022 年 3 月，人力资源社会保障部印发了《推进技工院校工学一体化技能人才培养模式实施方案》，提出在全国技工院校大力推进工学一体化技能人才培养模式，实现百个专业、千所院校、万名教师的“百千万”工作目标，以促进技工院校人才培养模式变革、提升技能人才培养质量、带动形成技工院校改革创新新局面。

新一轮工学一体化课程教学改革开展聚焦“课程标准”“课程资源”“教师培养”三项重点工作，为持续推进技工院校工学一体化技能人才培养模式实施奠定了坚实基础。印发《〈国家技能人才培养工学一体化课程标准〉开发技术规程》，出版《工学一体化课程开发指导手册》，分三阶段指引完成 103 个专业国家技能人才培养工学一体化课程标准与课程设置方案开发；编制《工学一体化课程教学资源开发指南》，开发第一批 14 个专业 37 门课程工学一体化课程教学资源；印发《技工院校工学一体化教师培训标准》，出版《工学一体化教师培训指导手册》，依托工学一体化教师培训基地培育师资队伍；印发《技工院校工学一体化课堂、课程、专业、院校建设标准》，出版《工学一体化课程教学实施指导手册》，指引 1 000 所技工院校对标开展工学一体化优质课堂、精品课程、示范专业、骨干院校的建设工作，实现以评促建的目标。

教材建设是教学改革成果固化的重要载体。本次工学一体化课程教学资源按照工作逻辑呈现实践、理论知识和素养，遵循工作过程六步法，从工作向“工作 + 学习”融合，通过引导问题层层递进，实现“输入—内化—输出—考核”的学习闭环，突出学生心智技能和思维的培养，强调学生个人成长的积累。近年来，通过指导专家、几百位试点院校的骨干教师以及编辑团队共同努力，产出了教学指导用书、工作页及答案、信息页及数字资源等形式的系列教材学材，以满足技工院校的教学使用需求。

本系列教材及配套资源的出版，不仅是对本轮技工院校工学一体化技能人才培养模式改革工作的阶段性总结，也是打通从课程标准到课堂实施最后一公里的全新尝试，意义深远。希望全国技工院校将推行工学一体化技能人才培养模式作为创新人才培养模式、提高人才培养质量的重要抓手，为加快培养具有良好工作思维与习惯、自主学习意识与能力、精湛专业技艺与技能的复合型技能人才作出新的更大贡献！

技工教育和职业培训教学指导委员会

2025 年 4 月

# 目录

# 学习任务三
# 多机位活动视频的录制

## 任务描述

### 任务情境

某学校学生科提出 2020 级计算机广告班“认识自我”主题班会活动录制需求，委托影视工作室安排摄像部完成录制，产出视频作为全校分享观摩案例素材，助力学校学生理解个体独特特质，激励其探寻奋斗路径、成就理想自我。该任务由摄像师在项目负责人的指导下，运用 4 台摄像机，以多机位导播形式完成录制，视频素材按指定文件格式与存档方式交付。

摄像师从项目负责人处接到上述任务后，需解读活动主题，获取多机位活动视频录制相关信息，明确工作时间和交付要求。通过搜集、分析同类视频范例，前往活动场地考察并记录场地信息，与活动负责人沟通确定演讲者的站位。根据勘景信息，制定录制思路，绘制机位图，选定“三个固定机位、不同角度、固定景别（全景、中景、近景）”加“一个运动机位、变化角度、变化景别”的录制策略，并与项目负责人沟通确认。活动当天，提前抵达现场，根据机位图架设 4 个机位和摄像机，确保各机位与切换台正常连接。调试录制设备的景别、角度并统一录制参数。按照活动流程进行 4 个机位的同步录制，各机位摄像师协同配合，完成多机位多角度录制。样片检查无误后，将 MP4 格式的高清成片交给项目负责人，最后参照企业标准规范完成视频文件的命名、存储和归档工作。

工作过程中应严格遵守企业质量体系管理制度、6S 管理制度等企业管理规定及《中华人民共和国著作权法》等法律法规，杜绝违法、违规、侵权等行为。

### 任务要求

1. 录制的画面应清晰稳定、构图合理、曝光恰当、景别准确、声音清晰，多机位做到声画同步，内容完整，突出活动主题，符合合同约定。

2. 录制视频交付格式为MP4，视频分辨率为1 920像素 ×1 080像素，帧率为25帧/秒。

3. 录制过程中要实时监控画面，确保构图合理、景别准确、曝光正常、画面清晰。

4. 录制的视频必须遵守《中华人民共和国著作权法》等法律法规，防止出现违法、违规、侵权等行为。

## 任务资料

### 主题班会活动流程

#### “认识自我”主题班会流程

主题：“认识自我”主题班会

1. 班主任进行简短发言。

2. 主持人介绍本次班会的主要内容。

3. 全班学生集体观看相关视频，围绕视频内容思考相关问题。

4. 主持人讲解“本我、自我、超我”有关内容。

5. 通过转盘随机抽取三名学生，分别朗读有关“本我、自我、超我的认识”相关内容。

6. 主持人举例进一步阐述相关概念，若学生理解仍不够充分，由班主任补充讲解，随后抽取学生分享个人经历。

7. 分发纸张，要求每名学生写下5条关于“我是什么样的人”的描述，来深刻剖析自我。

8. 随机抽取几名学生上台，朗读自己所写的内容。

9. 收取学生写下的纸条，班主任对本次班会进行总结。

10. 主持人进行总结，宣布班会结束。

## 学习目标

1. 能独立剖析多机位活动视频的风格特点，明确摄像机在不同场景下的应用情况及技术特点。解读主题班会活动流程文件，分析活动主题，梳理活动流程中的关键要素，确定主题班会活动流程的关键信息。

2. 能根据任务要求，检索优秀的多机位活动视频案例，提取其中的录制思路，分析机位数量、不同机位对应的景别、拍摄手法及拍摄内容等要素特征。

3. 能勘察多机位活动视频录制现场，与项目主管（教师）沟通，确定录制对象的活动范围，拍摄场地照片，测量并记录场地面积、布局及录制对象间的位置关系。

4. 能根据任务要求和勘景数据，制定出展示多机位活动视频的录制思路与流程，明确所需录制设备，确定录制思路与主题相匹配且合理可行。

5. 能根据多机位活动视频录制机位图决策方法和镜头焦距的选定方法，选定多机位活动视频录制的机位图和镜头焦距。

6. 能根据录制方案，对多机位活动视频的录制设备进行检查，确保领取的设备齐全，符合操作规范。

7. 能根据机位图和分镜头脚本等方案，架设并调试摄像机，确保曝光、白平衡等参数准确一致。

8. 能进行团队合作，操作 4 台摄像机完成全程不间断的同步录制。录制期间，能根据导播指令，与团队摄像师积极沟通，实时调整画面构图。

9. 能根据合同要求、企业质量体系管理制度及《中华人民共和国著作权法》等相关法律法规，采用多机位录制视频素材的检验方法，对素材进行核查、存储并备份，确保多台设备录制的素材同步且完整。

10. 能对摄像机及相关设备进行保养、验收并归还，按照工作过程和内容对视频素材进行归档整理，完成视频素材的命名、存储和归档工作，确保日后素材查找、调取、使用的高效性。

11. 能对任务过程进行复盘，总结反思并完成展示汇报。

## 建议学时

80 学时

## 学习路径

学习任务　学习环节　学习步骤及学生活动

**多机位活动视频的录制**

- **获取信息**
  - 明确多机位活动视频录制的任务要求
    - 提取多机位活动视频录制任务的关键信息
    - 解读多机位活动视频录制的活动主题
    - 展示多机位活动视频录制主题分析表
  - 解析多机位活动视频的特征和录制形式
    - 解析多机位活动视频的特征
    - 解析多机位活动视频的录制形式
- **制订计划**
  - 梳理多机位活动视频录制的工作流程
  - 提取优秀多机位活动视频案例的录制思路
    - 搜索并筛选优秀的多机位活动视频案例
    - 提取优秀多机位活动视频案例的录制思路
  - 勘察多机位活动视频录制现场情况
    - 明确多机位活动视频录制勘景的工作内容
    - 测量多机位活动视频录制场地尺寸
    - 拍摄多机位活动视频录制现场照片
    - 沟通并确定多机位活动视频录制对象的特征
  - 制定多机位活动视频录制思路
    - 拟定多机位活动视频录制机位摆放策略
    - 绘制多机位活动视频录制机位图
  - 选择多机位活动视频录制的设备
    - 选择多机位活动视频录制摄像机类型
    - 选择多机位活动视频录制镜头焦距
  - 明确多机位活动视频录制流程和人员分工
    - 明确多机位活动视频的录制流程
    - 制定多机位活动视频录制人员分工表

# 多机位活动视频的录制

- 做出决策
  - 选定多机位活动视频录制的机位图
  - 选定摄像机的镜头焦距
- 实施计划
  - 明确摄像机及附件的操作规范
    - 保养摄像机
    - 明确摄像机安全操作要点
  - 检查并安装摄像机及附件
    - 填写多机位活动视频录制设备领用单
    - 领取并检查摄像机及附件
    - 安装摄像机及附件
  - 调试摄像机功能
    - 解析摄像机功能
    - 调试并检查摄像机功能
  - 架设多机位摄像机
  - 设置并统一摄像机基础参数
    - 总结摄像机基础参数的调节方法
    - 调节并统一多机位摄像机的基础参数
  - 调节摄像机画面曝光
    - 分析摄像机曝光控制方法
    - 调节摄像机曝光参数
  - 确定多机位活动视频录制画面景别和构图
    - 明确摄像机画面的调节方法
    - 调节摄像机画面景别和构图
  - 设置并统一摄像机白平衡
    - 总结摄像机白平衡的调节方法和要点
    - 调节并统一摄像机白平衡

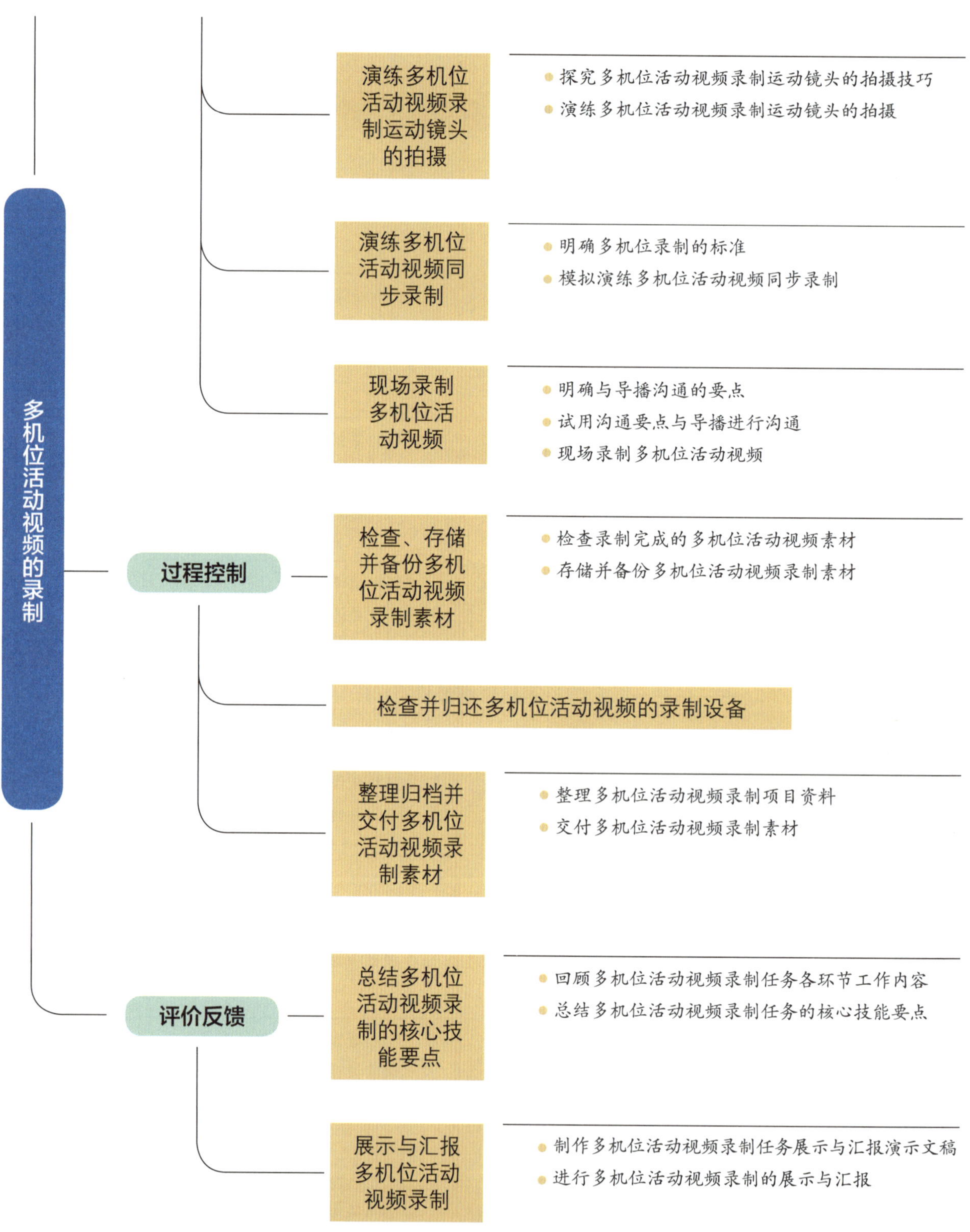
多机位活动视频的录制
过程控制
演练多机位活动视频录制运动镜头的拍摄
探究多机位活动视频录制运动镜头的拍摄技巧
演练多机位活动视频录制运动镜头的拍摄
演练多机位活动视频同步录制
明确多机位录制的标准
模拟演练多机位活动视频同步录制
现场录制多机位活动视频
明确与导播沟通的要点
试用沟通要点与导播进行沟通
现场录制多机位活动视频
检查、存储并备份多机位活动视频录制素材
检查录制完成的多机位活动视频素材
存储并备份多机位活动视频录制素材
检查并归还多机位活动视频的录制设备
整理归档并交付多机位活动视频录制素材
整理多机位活动视频录制项目资料
交付多机位活动视频录制素材
评价反馈
总结多机位活动视频录制的核心技能要点
回顾多机位活动视频录制任务各环节工作内容
总结多机位活动视频录制任务的核心技能要点
展示与汇报多机位活动视频录制
制作多机位活动视频录制任务展示与汇报演示文稿
进行多机位活动视频录制的展示与汇报

# 学习环节一　获取信息

## 学习目标

1. 能独立剖析多机位活动视频的风格特点，明确摄像机在不同场景中的应用情况及技术特点。

2. 能解读主题班会活动流程文件，分析活动主题，梳理活动流程中的关键要素，确定主题班会活动流程的关键信息。

## 建议学时

8 学时

## 学习要求

| 序号 | 学习步骤 | 学习内容 | 学时 | 备注 |
|---|---|---|---|---|
| 1 | 明确多机位活动视频录制的任务要求 | 1. 活动主题的分析（实践）<br>2. 理解与表达能力（素养） | 6 | |
| 2 | 解析多机位活动视频的特征和录制形式 | 1. 多机位活动视频的特征（理论）<br>2. 摄像机的应用情况（理论）<br>3. 摄像机的技术特点（理论） | 2 | |

### 一、明确多机位活动视频录制的任务要求

#### （一）提取多机位活动视频录制任务的关键信息

在工作过程中，需对任务展开深入且细致地分析，从而明确任务的核心信息。查阅本任务资料，结合学习任务一中所学的任务五要素沟通法，剖析任务资料中的信息，并与教师沟通交流，获取任务的关键信息，填写表 3–1–1。

表 3-1-1　　多机位活动视频录制任务关键信息提取

| 序号 | 任务要素 | 关键信息 | 关键信息内容 |
|---|---|---|---|
| 1 | 谁 | 负责人 | |
| | | 参与者 | |
| 2 | 做什么 | 录制主题 | |
| | | 录制内容 | |
| | | 录制形式 | |
| | | 技术要求 | |
| | | 画质要求 | |
| 3 | 在哪里 | 录制设备位置 | |
| | | 录制场地 | |
| 4 | 何时 | 拍摄开始时间 | |
| | | 拍摄截止时间 | |
| | | 录制场地使用时间 | |
| | | 素材提交时间 | |
| 5 | 为什么 | 任务的拍摄目的 | |

## （二）解读多机位活动视频录制的活动主题

1. 依据任务书中的关键信息可知，本次录制任务的内容是“认识自我”主题班会。活动主题决定了多机位活动视频的整体风格，只有深入理解并准确把握活动主题，才能录制出内容丰富、信息准确、效果优良的活动视频。阅读信息页中的“关于活动主题分析”相关资料，学习从视频录制角度来分析活动主题的方法，完成以下问题。

（1）分析活动主题的目的是明确录制重点、______________、______________，做好录制前的准备工作。

（2）活动主题的分析要素包括__________、__________、__________、__________这 4 个方面的内容。

（3）根据活动主题的分析要素和分析要点，思考活动主题的分析对于多机位活动视频录制的意义，将主题分析要素、分析要点和对视频录制的作用进行连线，完成表 3-1-2。

2. 活动主题的分析通常需结合活动主题分析要素及要点与相关活动负责人沟通。阅读信息页中的“关于主题班会活动提问的专业剖析”相关资料，分析摄像师与客户沟通时提问的思路，根据主题分析要素和分析要点，参考拟定沟通访问提纲，填写表 3-1-3。

表 3-1-2　　活动主题分析要点

| 主题分析要素 | 分析要点 | 对视频录制的作用 |
| --- | --- | --- |
| 核心内容 | 活动中有哪些独特的元素或亮点 | 确定重点录制内容 |
| 情感导向 | 分析活动所传达的情感氛围 | 确定拍摄手法 |
| 互动环节 | 分析活动的主要内容，了解重点是什么 | 明确互动环节需要拍摄的人物 |
| 特色元素 | 考虑活动中有哪些互动环节，涉及哪些人物 | 确定活动中需要重点记录的内容 |

表 3-1-3　　活动主题分析沟通访问提纲

| 主题分析要素 | 访问提纲 |
| --- | --- |
| 核心内容 | |
| 情感导向 | |
| 互动环节 | |
| 特色元素 | |

3. 使用沟通访问提纲，与活动负责人（教师）沟通，记录访问结果，并对访问结果进行对应的主题分析，填写表 3-1-4。

表 3-1-4　　多机位活动视频录制主题分析

| 序号 | 关键信息要素 | 访问结果 | 主题分析 |
| --- | --- | --- | --- |
| 1 | 核心内容 | | 本次活动的核心录制内容为____________________ |
| 2 | 情感导向 | | 根据访谈结果，确定本次录制使用的拍摄手法包括____________________ |
| 3 | 互动环节 | | 在互动环节需拍摄的人物是____________________ |
| 4 | 特色元素 | | 活动中需要重点记录的元素是____________________ |

4. 在与活动负责人沟通多机位活动视频录制的相关信息时，具备理解与表达能力对确保录制工作顺利开展和达到预期效果至关重要。阅读信息页中的“多机位活动视频录制获取信息沟通中的理解与表达”相关资料，完成以下问题。

（1）理解与表达能力是一个综合性的能力组合，包括准确的信息______、深入的______、清晰的______、恰当的______以及灵活的调整。

（2）在多机位活动视频录制获取信息的沟通中，理解能力体现在哪些方面？请结合本次与活动负责人的沟通，进行沟通表达经验的总结。

______________________________________________

______________________________________________

______________________________________________

______________________________________________

（3）在与活动负责人交流时，如何通过良好的表达能力获取更多关键信息？请结合你本次与活动负责人沟通的过程进行阐述。

______________________________________________

______________________________________________

______________________________________________

______________________________________________

## （三）展示多机位活动视频录制主题分析表

本次学习活动完成后，以小组为单位展示“多机位活动视频录制主题分析表”，阐述活动核心内容分析、活动所传达的情感氛围分析、活动中互动环节的分析、活动的特色元素分析这 4 个方面内容的分析结果。采用组间配对互评与师评相结合的多元评价方式完成考核评价，填写表 3-1-5。

表 3-1-5　“多机位活动视频录制主题分析”考核项目评价表

组别：

本考核项目占学习任务考核总分的 10%，可按 10 分计算

| 评分项目 | 得分（组间配对互评占比 40%、师评占比 60%） | | | | | | | |
|---|---|---|---|---|---|---|---|---|
| | 组间配对互评（学生姓名） | | | | | | | 师评 |
| | | | | | | | | |
| 1. 活动核心内容分析完整准确，文字表达规范，计 2 分；缺少内容或内容错误扣 1 分，表达不规范扣 1 分 | | | | | | | | |
| 2. 选取的镜头拍摄手法符合活动所传达的情感氛围，计 4 分；每错误一项扣 1 分 | | | | | | | | |
| 3. 互动环节主要拍摄的人物分析准确，符合互动环节要求，计 2 分；每错一项扣 1 分 | | | | | | | | |

续表

| 评分项目 | 得分（组间配对互评占比 40%、师评占比 60%） | | | | | | | |
|---|---|---|---|---|---|---|---|---|
| | 组间配对互评（学生姓名） | | | | | | | 师评 |
| | | | | | | | | |
| 4. 活动的特色元素描述全面，计 2 分；缺少一项扣 1 分 | | | | | | | | |
| 汇总得分 | | | | | | | | |

## 二、解析多机位活动视频的特征和录制形式

### （一）解析多机位活动视频的特征

1. 通过提取的任务关键信息，明确本次学习任务为多机位活动视频录制。了解并分析多机位活动视频的特征，能为合理架设机位奠定基础。多机位活动视频的特征可从多机位录制和活动视频两方面特征进行解析。首先是多机位的录制形式，其优势在于能捕捉活动的不同角度和细节。阅读信息页中的“单机位、双机位与多机位录制的特征分析”相关资料，独立完成以下问题。

（1）多机位录制是指在拍摄过程中使用____摄像机，从不同的______、______进行____录制。

（2）多机位录制相对单机位录制和双机位录制，其特征也有一定区别。请对比单机位录制和双机位录制，完善多机位活动视频录制的特征，填写表 3–1–6。

表 3–1–6　多机位活动视频录制特征分析

| 序号 | 机位数量 | 特征描述 |
|---|---|---|
| 1 | 单机位 | 1. 成本相对较低<br>2. 画面表现力有限<br>3. 拍摄角度单一 |
| 2 | 双机位 | 1. 成本相对较低<br>2. 机位安排和操作相对简单<br>3. 可以提供基本的多角度呈现 |
| 3 | 多机位 | 1. 能呈现更多____和____<br>2. 使画面更加______和____<br>3. 有利于创造______的镜头效果<br>4. 提供更大的________空间<br>5. 可以更好地捕捉活动的________<br>6. ____较高，设备____和机位____难度较大 |

2. 活动视频属于纪实类视频，不同类型的活动具有不同特征。阅读信息页中的“活动视频的特征”和“常见活动的类型”相关资料，明确活动视频的类型和特征，完成以下问题。

（1）活动视频录制是指使用______设备，将某一活动的__________或__________记录下来，形成视频的过程。

（2）总结常见的活动类型，完成下列填空题。

1）______：公司内部会议、行业研讨会等。

2）______：音乐会、戏剧表演、舞蹈演出等。

3）__________：涵盖各种体育比赛。

4）________：记录婚礼的重要时刻。

5）______：学术讲座、培训课程等。

6）______：开业庆典、周年庆等。

7）______：艺术展、科技展等。

8）______：知识竞赛、技能比赛等。

9）________：新产品发布会、新闻发布会等。

10）__________：如毕业典礼、文艺汇演、班会活动等。

11）__________：社区举办的各类活动。

12）__________：团队建设活动、年会等。

3. 根据活动视频的类型和特征，阅读任务资料，判断本次任务拍摄的活动类型为_______________。

## （二）解析多机位活动视频的录制形式

1. 根据表 3-1-1 所示多机位活动视频录制任务关键信息提取，确定本次任务需使用摄像机进行录制。为全面了解并掌握摄像机的技术特点，明确摄像机在视频录制中的应用场景，阅读信息页中的“摄像机的独特技术优势解析”相关资料，完成以下问题。

（1）________：能捕捉高分辨率、高质量的图像和视频。

（2）优秀的______________：可实现更精确地对焦和变焦。

（3）大尺寸____________：提高感光度和动态范围。

（4）更好的__________：在低光照条件下仍能拍摄清晰的画面。

（5）丰富的__________：方便与其他设备连接。

（6）可调节参数多：如__________、________等，以满足不同拍摄需求。

（7）坚固耐用：能适应各种恶劣环境。

（8）大容量存储：确保能长时间拍摄视频。

（9）专业的操控性：提供更________的控制和操作体验。

2. 请根据摄像机的技术特点，结合表 3-1-1 所示多机位活动视频录制任务关键信息提取，思考本次任务采用摄像机作为录制设备的原因，将思考的结果填写在下方横线上。

________________________________________________________________________

________________________________________________________________________

________________________________________________________________________

________________________________________________________________________

________________________________________________________________________

________________________________________________________________________

________________________________________________________________________

________________________________________________________________________

________________________________________________________________________

________________________________________________________________________

________________________________________________________________________

________________________________________________________________________

________________________________________________________________________

________________________________________________________________________

________________________________________________________________________

3. 不同的拍摄场景对摄像机的技术要求不同。结合摄像机的技术特点，阅读信息页中的“专业摄像机的多领域应用”相关资料，明确并完善不同应用场景对应的技术优势，填写表 3-1-7。

表 3-1-7　摄像机应用场景分析

| 序号 | 应用场景 | 场景参考 | 技术优势 |
| --- | --- | --- | --- |
| 1 | 电影拍摄 |  | 优秀的________能力让其能捕捉到各种不同景别的精彩画面，无论是全景的宏大还是特写的细腻，都能完美呈现。搭配________图像传感器和出色的低光性能，即使在不同光线条件下，也能拍摄出高质量的电影镜头，为电影艺术增添魅力 |

续表

| 序号 | 应用场景 | 场景参考 | 技术优势 |
| --- | --- | --- | --- |
| 2 | 电视节目拍摄 |   | 高画质这一优势显得尤为关键。它确保观众能尽情享受清晰、逼真的节目画面，带来极致的视觉体验。同时，丰富的______使其能便捷地与各种广播电视设备连接，实现高效的_________ |
| 3 | 广告片拍摄 |   | 能根据创意需求进行精确调整，从而呈现出最具吸引力的画面，专业的________让操作过程变得更加得心应手 |
| 4 | 纪录片拍摄 |   | 能适应各种艰苦的拍摄环境，无论是恶劣的自然条件还是复杂的社会场景。并且___________为长时间记录珍贵的素材提供了保障 |

# 学习环节二　制订计划

## 学习目标

1. 能根据任务要求，检索优秀的多机位活动视频案例，提取其中的录制思路，分析机位数量、不同机位对应的景别、拍摄手法及拍摄内容等要素的特征。

2. 能勘察多机位活动视频录制现场，与项目主管（教师）沟通，确定录制对象的活动范围，拍摄场地照片，测量并记录场地面积、布局及录制对象间的位置关系。

3. 能根据任务要求和勘景数据，制定出多机位活动视频的录制思路与流程，明确所需录制设备，确定录制思路与主题相匹配且合理可行。

## 建议学时

16 学时

## 学习要求

| 序号 | 学习步骤 | 学习内容 | 学时 | 备注 |
| --- | --- | --- | --- | --- |
| 1 | 梳理多机位活动视频录制的工作流程 | 多机位活动视频录制的工作流程（理论） | 1 | |
| 2 | 提取优秀多机位活动视频案例的录制思路 | 1. 多机位活动视频范例录制思路的分析（实践）<br>2. 信息检索能力（素养） | 2 | |
| 3 | 勘察多机位活动视频录制现场情况 | 1. 多机位活动视频录制的勘景流程（理论）<br>2. 多机位活动视频录制对象的特征（理论）<br>3. 多机位活动视频录制勘景访问提纲的编制（实践）<br>4. 多机位活动视频录制勘景照片的拍摄方法（理论） | 6 | |

续表

| 序号 | 学习步骤 | 学习内容 | 学时 | 备注 |
| --- | --- | --- | --- | --- |
| 3 | 勘察多机位活动视频录制现场情况 | 5. 多机位活动视频录制勘景场地面积的测绘方法（理论）<br>6. 理解与表达能力（素养）<br>7. 严谨求实的带动精神（素养） | 6 | |
| 4 | 制定多机位活动视频录制思路 | 1. 多机位活动视频录制方案的要素（理论）<br>2. 用于角度设置、画面内容选取的多机位摆放技巧（理论）<br>3. 多机位活动视频录制机位图的绘制（实践） | 4 | |
| 5 | 选择多机位活动视频录制的设备 | 1. 摄像机的主要分类（理论）<br>2. 镜头焦距的视角（理论） | 2 | |
| 6 | 明确多机位活动视频录制流程和人员分工 | 1. 多机位活动视频录制的流程（理论）<br>2. 多机位活动视频录制的人员分工（实践） | 1 | |

## 一、梳理多机位活动视频录制的工作流程

多机位活动视频录制具有完整的工作流程，阅读信息页中的“多机位活动视频录制工作流程”相关资料，整理多机位活动视频录制的工作步骤，按照顺序填写到图 3–2–1 中。

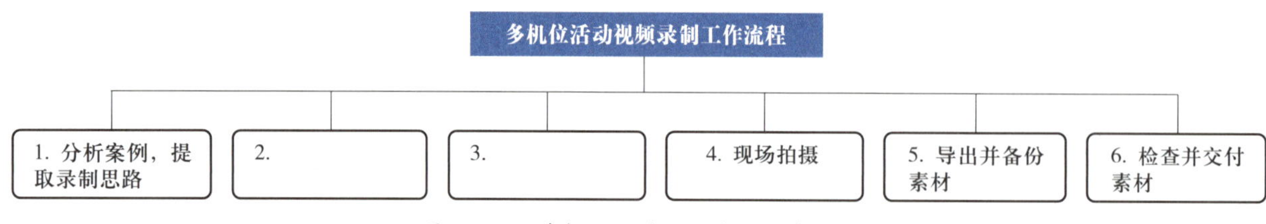


图 3–2–1　多机位活动视频录制工作流程

## 二、提取优秀多机位活动视频案例的录制思路

### （一）搜索并筛选优秀的多机位活动视频案例

1. 根据多机位活动视频录制工作流程，需要搜集优秀同类多机位活动视频案例作为参考。阅读信息页中的“多机位活动视频案例筛选”相关资料，分析优秀多机位活动视频案例的筛选要点，完成以下问题。

（1）【多选】筛选多机位活动视频案例时需要考虑的要素有（　　）。

A. 机位设置　　B. 内容主题　　C. 场景布置　　D. 音频质量

E. 后期制作　　F. 画面构图　　G. 镜头运用　　H. 镜头衔接

（2）根据多机位活动视频案例筛选的要素，分析案例筛选要点，将表 3–2–1 所示案例筛选的要素和要点进行连线。

表 3-2-1　　案例筛选的要素和要点

| 案例筛选的要素 | 案例筛选的要点 |
| --- | --- |
| 内容主题 | 画面衔接流畅，无卡顿或镜头不连贯的问题 |
| 机位设置 | 评估音频是否清楚，是否存在杂音或失真 |
| 画面构图 | 注意镜头的运用是否流畅，是否能有效地传达活动的氛围和情感 |
| 镜头运用 | 观察画面的构图是否合理，是否能突出主体，是否符合视觉美感 |
| 音频质量 | 分析机位的数量和位置是否能全面覆盖活动现场，是否能捕捉关键场景和细节 |
| 镜头衔接 | 校园类的多机位活动视频 |

2. 在多机位主题班会录制案例视频的搜索过程中，信息检索能力是一个综合性的能力体系，涵盖目标设定、关键词选择、工具运用、信息筛选评估和综合分析等多个方面，对于高效获取有价值的信息至关重要。阅读信息页中的“多机位主题班会录制案例视频搜索中的信息检索能力解析”相关资料，完成以下问题。

（1）在本次多机位活动案例视频搜索中，可以输入的关键词有哪些？请将相关的关键词填写在下方横线上。

______________________________

______________________________

（2）在多机位主题班会录制案例视频搜索中，假如找到了大量相关视频，但难以判断其质量和可靠性，会依据哪些因素来进行筛选和评估？请至少列举三个因素并简要说明理由。

因素 1：______________________________

理由：______________________________

因素 2：______________________________

理由：______________________________

因素 3：______________________________

理由：______________________________

3. 根据多机位活动视频案例筛选要点，阅读信息页中的“相关网站简介”相关资料，利用互联网相关网站平台搜索三个多机位活动视频案例，并根据筛选要点，选择一个优秀案例并阐述选定理由，填写表 3-2-2。

表 3-2-2　　优秀多机位活动视频录制案例筛选

| 序号 | 案例 | 内容主题 | 机位设置 | 画面构图 | 镜头运用 | 音频质量 | 镜头衔接 |
| --- | --- | --- | --- | --- | --- | --- | --- |
| 1 | 案例 1 | | | | | | |
| 2 | 案例 2 | | | | | | |
| 3 | 案例 3 | | | | | | |
| 4 | 选定案例并描述理由 | 案例：<br><br>选定理由： | | | | | |

## （二）提取优秀多机位活动视频案例的录制思路

多机位活动视频的录制思路决定了录制的视频是否能满足任务要求。提取优秀多机位活动视频案例的录制思路，能为制定本次任务录制思路提供重要参考。阅读信息页中的“多机位活动视频录制思路分析要素解析”相关资料，完成以下问题。

（1）多机位活动视频录制思路分析的要素包括各机位的________、______、________、________。

（2）根据多机位活动视频录制思路的分析要素，观看“多机位活动视频录制案例”相关视频素材，对案例视频中不同机位的画面内容、景别、拍摄角度、拍摄手法和对应的活动主题要素这 5 个方面的内容进行录制思路的分析，填写表 3-2-3。

表 3-2-3　　多机位活动视频（案例）录制思路分析

| 序号 | 镜头画面 | 画面内容 | 景别 | 拍摄角度 | 拍摄手法 | 对应的活动主题要素 |
| --- | --- | --- | --- | --- | --- | --- |
| 1 | 画面 1 | | □远景<br>□全景<br>□中景<br>□近景<br>□特写 | □平拍<br>□俯拍<br>□仰拍 | □固定<br>□推<br>□拉<br>□摇<br>□移<br>□甩 | |
| 2 | 画面 2 | | □远景<br>□全景<br>□中景<br>□近景<br>□特写 | □平拍<br>□俯拍<br>□仰拍 | □固定<br>□推<br>□拉<br>□摇<br>□移<br>□甩 | |

续表

| 序号 | 镜头画面 | 画面内容 | 景别 | 拍摄角度 | 拍摄手法 | 对应的活动主题要素 |
| --- | --- | --- | --- | --- | --- | --- |
| 3 | 画面 3 | | □远景<br>□全景<br>□中景<br>□近景<br>□特写 | □平拍<br>□俯拍<br>□仰拍 | □固定<br>□推<br>□拉<br>□摇<br>□移<br>□甩 | |
| 4 | 画面 4 | | □远景<br>□全景<br>□中景<br>□近景<br>□特写 | □平拍<br>□俯拍<br>□仰拍 | □固定<br>□推<br>□拉<br>□摇<br>□移<br>□甩 | |

## 三、勘察多机位活动视频录制现场情况

### （一）明确多机位活动视频录制勘景的工作内容

开展多机位活动视频录制前，前往多机位活动视频录制的活动场地进行勘察，有助于了解活动现场的布置情况，对制定多机位活动视频录制思路至关重要。阅读信息页中的“多机位活动视频录制勘景的工作内容分析”相关资料，梳理勘景的工作步骤，完成以下问题。

1. 多机位活动视频录制的勘景是指在进行录制之前，对活动现场的__________、______、__________________进行全面、细致的考察和评估，其目的是为____________提供准确的数据和信息。

2. 多机位活动视频录制勘景的工作内容包括____________、____________、____________________及________。

### （二）测量多机位活动视频录制场地尺寸

1. 多机位活动视频录制的机位数量较多，为合理安排各机位的摆放位置，需要对场地进行相对精准的测量。阅读信息页中的“多机位活动视频录制场地测量及工具选择”相关资料，完成以下问题。

（1）在多机位活动视频录制场地尺寸的测量中，需要记录场地的______、测量场地的____和____，测量单位为____。

（2）认知场地测量的方法和工具，完善不同工具的优缺点，写出对应的测量方法，填写表 3-2-4。

表 3-2-4 多机位活动视频录制场地测量方法

| 测量方法 | 测量工具 | 优缺点 |
| --- | --- | --- |
| ____________ | | 适用于数据______的场地或物品的测量<br>优点是测量的数据比较______，缺点是对面积或尺寸____的场地或物品，无法一次性完成测量，测量难度较高 |
| ________ | | 适用于______________<br>优点是测量的数据比较准确，且测量____________，缺点是设备______较高 |
| ________ | | 适用于大部分场景<br>优点是__________，缺点是精度相对______，容易受主观因素的影响 |

（3）根据多机位活动视频录制场地的实际情况，结合测量方法的优缺点，试用不同的测量方法进行模拟测量。根据测量结果，选定适合本次任务的测量方法为__________，选定理由为________________________________________________。

2. 根据选定的测量方法，现场实地测量并记录多机位活动视频录制场地的形状和尺寸，填写表 3-2-5。

表 3-2-5 多机位活动视频录制场地尺寸记录单

| 序号 | 场地信息 | 尺寸记录 |
| --- | --- | --- |
| 1 | 场地形状__________ | |
| 2 | 长______________ | |
| 3 | 宽______________ | |
| 4 | 高______________ | |

## （三）拍摄多机位活动视频录制现场照片

1. 为全面地记录场地布置情况，除测量数据外，拍摄场地照片能更直观地展示场地布局。阅读信息页中的“多机位活动视频录制勘景照片的拍摄及注意事项”相关资料，学习勘景照片的拍摄方法和要求，完成以下问题。

（1）在多机位活动视频录制勘景时，拍摄现场照片的目的是___________，便于团队其他成员直观了解现场情况，同时为__________提供可视化参考。

（2）对勘景照片的技术要求是__________、__________、__________。

（3）观察图 3-2-2，下列图片中勘景照片的技术要求合格的是（　　）。

图 3-2-2　勘景照片对比

（4）勘景照片的内容要求__________场地的布局情况。

（5）勘景照片拍摄的设备一般为______或______。

（6）为了确保每张照片尽可能地包含更多场地信息，在选择拍摄视角时，应尽可能选择场地的______，使用手机或相机的__________进行拍摄。

（7）拍摄勘景照片一般包含 6 个点位，观察勘景照片（见图 3-2-3），分析拍摄的点位，把照片编号在勘景照片拍摄点位图（见图 3-2-4）上进行正确标注。

a）

b）

c）

d)

e)

f)

图 3-2-3　勘景照片

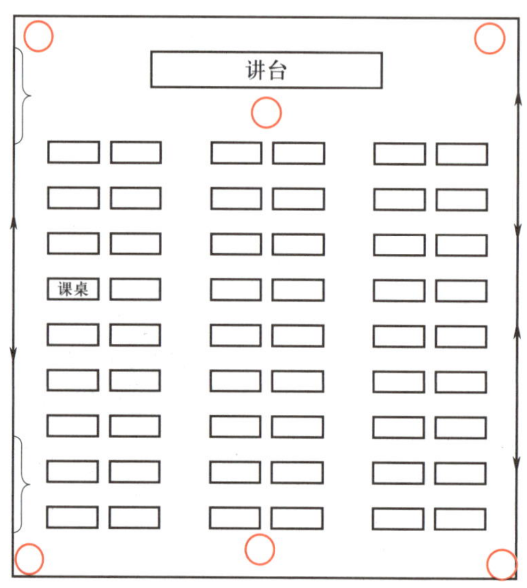


图 3-2-4　勘景照片拍摄点位图

2. 拍摄勘景照片需要具备一定的拍摄技巧，试用拍摄方法拍摄勘景照片。

根据勘景照片的拍摄方法，实地拍摄多机位活动视频录制现场照片，将拍摄的勘景照片粘贴在表 3-2-6 中。查看 6 张照片加在一起是否能完整记录场地的所有布局，如果不能完整记录，则进行补拍。

表 3-2-6　　多机位活动视频录制勘景照片

| 拍摄点位 | 勘景照片 |
| --- | --- |
| 在发言席左侧长和宽的交界点，拍摄观众席 | |
| 在发言席右侧长和宽的交界点，拍摄观众席 | |
| 在观众席右侧长和宽的交界点，拍摄发言席 | |
| 在观众席左侧长和宽的交界点，拍摄发言席 | |
| 在发言席正中央拍摄观众席 | |
| 在观众席末端正中央拍摄发言席 | |
| 是否能完整记录场地布局： | |

## （四）沟通并确定多机位活动视频录制对象的特征

1. 在进行多机位活动视频录制时，为使录制的画面全面记录活动主要内容且符合录制主题，需通过了解录制对象的特征，明确录制对象的人物位置关系，进而确定机位的摆放位置和景别。阅读信息页中的“多机位活动视频录制对象的特征分析及勘景沟通要点”相关资料，明确录制对象特征分析的要素，完成以下问题。

（1）多机位活动视频录制对象的特征分析要素包括________、________、________、________。

（2）确定录制对象的位置变化是为__________提供准确的人物位置关系信息。

2. 在进行多机位活动视频录制勘景时，可与管理人员（教师）进行现场沟通。根据录制对象特征分析要素，通过沟通获取录制对象的特征信息。查阅信息页中的“多机位活动视频录制对象的特征分析及勘景沟通要点”相关资料，完成以下问题。

（1）结合录制对象特征的分析要素，设计本次任务的勘景沟通提纲，填写表 3-2-7。

表 3-2-7　多机位活动视频录制勘景沟通提纲

| 序号 | 录制对象的分析要素 | 勘景沟通提纲 |
|---|---|---|
| 1 | 外观形象 | |
| 2 | 互动情况 | |
| 3 | 个性特点 | |
| 4 | 位置变化 | |

（2）根据勘景沟通提纲，结合表 3-1-1 所示多机位活动视频录制任务关键信息提取，与管理人员（教师）沟通，获取并记录录制对象的特征，填写表 3-2-8。

表 3-2-8　录制对象特征分析

<table>
<tr><th colspan="8">人物基本信息</th></tr>
<tr><td>姓名</td><td></td><td>性别</td><td></td><td>年龄</td><td></td><td>身高</td><td></td></tr>
<tr><td>职业</td><td></td><td colspan="2">其他信息</td><td colspan="4"></td></tr>
<tr><th colspan="8">个性特点</th></tr>
<tr><td colspan="3">□开朗　□内向　□稳重</td><td colspan="5">其他特点：</td></tr>
<tr><th colspan="8">互动情况</th></tr>
<tr><td colspan="4">活动过程中与谁互动：</td><td colspan="4">互动的方式：</td></tr>
<tr><th colspan="8">位置变化</th></tr>
<tr><td colspan="4">活动开始的位置：</td><td colspan="4">活动过程中的位置变化：</td></tr>
<tr><td colspan="8"></td></tr>
</table>

# 四、制定多机位活动视频录制思路

## （一）拟定多机位活动视频录制机位摆放策略

1. 为确保录制素材全面覆盖活动场景，拟定合理的摆放策略可使各机位相互配合、互补，避免拍摄内容的重复与遗漏，提高素材的丰富性和完整性。阅读信息页中的“多机位活动视频录制机位摆放要点”相关资料，完成以下问题。

（1）多机位活动视频录制机位摆放更为复杂，因其相比双机位增加了更多机位类型。请在双机位人物访谈视频的录制机位类型的基础上，填写表 3–2–9。

表 3–2–9　　多机位活动视频录制机位图的机位类型分析

| 序号 | 机位摆放策略 | 机位类型 |
|---|---|---|
| 1 | 双机位人物访谈视频的录制 | 主机位、侧机位 |
| 2 | 多机位活动视频的录制 | 主机位、侧机位<br>__________、__________、__________、__________ |

（2）不同类型的机位对场地摆放要求不同，请完善机位类型对应的场地要求，填写表 3–2–10。

表 3–2–10　　多机位活动视频录制机位架设的场地要求

| 序号 | 机位类型 | 场地要求 |
|---|---|---|
| 1 | | 对摄像机架设空间的要求较高，一般在较开阔的室外或面积______、房间______的室内架设摇臂 |
| 2 | | 要提前规划好__________，确保有足够的空间且不影响__________和______ |

（3）摆放多机位活动视频录制机位时，要相互配合，避免拍摄画面中出现其他摄像机，导致出现__________。

（4）在多机位活动视频录制中，不同类型的机位有相应作用。请将不同类型机位的序号填写在对应的机位作用前的括号内。

A. 主机位　　B. 侧机位　　C. 观众机位　　D. 运动机位

E. 摇臂　　F. 背景机位

（　　）全面记录：完整地捕捉活动或场景的主要画面。

（　　）基准视角：作为其他机位的参考，确保画面的一致性和连贯性。

（　　）叙事主体：承担主要的叙事功能，呈现关键情节和动作。

（　　）提供稳定画面：通常具有较稳定的拍摄条件，以保证画面的连续性。

（　　）奠定基调：为整个拍摄奠定风格和氛围。

（　　）方便后期制作：作为后期主要的编辑素材。

（　　）保持故事连续性：确保情节的顺畅展开。

（　　）展示动作细节：更好地展现主体的动作和姿态。

（　　）增强立体感：使画面更加立体和生动。

（　　）突出主体与环境关系：清晰呈现主体与周围环境的互动。

（　　）增加视觉层次：丰富画面的层次和深度。

（　　）增强表现力：有助于传达更多的情感和氛围。

（　　）补充叙事：与主机位相互配合，完善故事叙述。

（　　）提供更多选择：为后期制作提供更多素材。

（　　）增强互动感：让观众感受到现场的氛围和参与感。

（　　）展现观众反应：捕捉观众的表情和情绪反应，增加视频的趣味性和吸引力。

（　　）反映活动效果：通过观众的反应来衡量活动的受欢迎程度和影响力。

（　　）营造热烈氛围：呈现活跃的现场气氛，使观看者更容易产生共鸣。

（　　）建立情感连接：建立观众与视频内容之间的情感联系，提高观众的投入度。合理利用观众机位可以提升视频的质量和效果，使其更具吸引力和感染力。

（　　）跟随主体移动：紧密捕捉主体的动作和轨迹，展示更多细节。

（　　）捕捉意外瞬间：能及时捕捉到可能出现的意外或精彩时刻。

（　　）丰富后期制作素材：为后期剪辑提供更多选择和可能性。

2. 在制定多机位活动视频录制思路时，掌握常见的摄像机机位有助于更准确地制定录制策略。阅读信息页中的“多机位活动视频录制中不同机位的场地要求解析”相关资料，明确常见的摄像机机位及对应的拍摄内容，分析不同的机位类型常见的拍摄位置、角度、景别以及最大拍摄范围，完成表 3-2-11。

表 3-2-11　多机位活动视频录制的机位分析

| 机位类型 | 常见的摄像机机位 | 角度 | 景别 | 最大拍摄范围 |
| --- | --- | --- | --- | --- |
| 主机位 | 观众席的末端且正对舞台中央 | □正面<br>□左侧面<br>□右侧面 | □远景<br>□全景<br>□中景<br>□近景<br>□特写 | |

续表

| 机位类型 | 常见的摄像机机位 | 角度 | 景别 | 最大拍摄范围 |
| --- | --- | --- | --- | --- |
| 侧机位 | 主机位旁边 | □正面<br>□左侧面<br>□右侧面 | □远景<br>□全景<br>□中景<br>□近景<br>□特写 | |
| 侧机位 | 观众席末端的最左侧 | □正面<br>□左侧面<br>□右侧面 | □远景<br>□全景<br>□中景<br>□近景<br>□特写 | |
| 侧机位 | 观众席末端的最右侧 | □正面<br>□左侧面<br>□右侧面 | □远景<br>□全景<br>□中景<br>□近景<br>□特写 | |
| 观众机位 | 观众席正面的最左侧 | □正面<br>□左侧面<br>□右侧面 | □远景<br>□全景<br>□中景<br>□近景<br>□特写 | |
| 观众机位 | 观众席正面的最右侧 | □正面<br>□左侧面<br>□右侧面 | □远景<br>□全景<br>□中景<br>□近景<br>□特写 | |
| 观众机位 | 观众席左侧过道中 | □正面<br>□左侧面<br>□右侧面 | □远景<br>□全景<br>□中景<br>□近景<br>□特写 | |
| 观众机位 | 观众席右侧过道中 | □正面<br>□左侧面<br>□右侧面 | □远景<br>□全景<br>□中景<br>□近景<br>□特写 | |

续表

| 机位类型 | 常见的摄像机机位 | 角度 | 景别 | 最大拍摄范围 |
|---|---|---|---|---|
| 主机位 | 舞台正中央过道中 | □正面<br>□左侧面<br>□右侧面 | □远景<br>□全景<br>□中景<br>□近景<br>□特写 | |
| 运动机位 | 观众席正面最左侧至舞台中间 | □正面<br>□左侧面<br>□右侧面 | □远景<br>□全景<br>□中景<br>□近景<br>□特写 | |
| 运动机位 | 观众席正面最右侧至舞台中间 | □正面<br>□左侧面<br>□右侧面 | □远景<br>□全景<br>□中景<br>□近景<br>□特写 | |

3. 根据本次任务“获取信息”环节的表 3-1-1 所示多机位活动视频录制任务关键信息提取，结合多机位活动视频录制中机位类型的作用和机位摆放要点，确定本次多机位活动视频录制中 4 台摄像机机位的类型是＿＿＿＿、＿＿＿＿、＿＿＿＿、＿＿＿＿。

4. 根据摄像机摆放的机位和摆放要点以及表 3-1-1 所示多机位活动视频录制任务关键信息提取，选定两套多机位活动视频录制机位摆放的策略，写出对应的机位类型、摆放位置并明确不同机位类型对应的活动主题要素，填写表 3-2-12。

表 3-2-12　多机位活动视频录制机位摆放策略

| 策略 | 机位类型 | 摆放位置 | 对应的活动主题要素 |
|---|---|---|---|
| 策略一 | | | |
| | | | |
| | | | |
| | | | |
| 策略二 | | | |
| | | | |
| | | | |
| | | | |

5. 本学习活动完成后，展示并讲解多机位活动视频录制机位摆放策略，采取自评、组间配对互评与师评相结合的多元评价方式，对展示的机位摆放策略进行评价，填写表 3-2-13。

表 3-2-13　“多机位活动视频录制策略”考核项目评价表

<table>
<tr><td colspan="8">组别：</td></tr>
<tr><td colspan="8">本考核项目占学习任务考核总分的 20%，可按 20 分计算</td></tr>
<tr><th rowspan="3">评分项目</th><th colspan="7">得分（自评占比 30%、组间配对互评占比 30%、师评占比 40%）</th></tr>
<tr><th rowspan="2">自评</th><th colspan="5">组间配对互评（学生姓名）</th><th rowspan="2">师评</th></tr>
<tr><th></th><th></th><th></th><th></th><th></th></tr>
<tr><td>1. 所选机位类型合理且目的明确，计 5 分；机位类型选择不当或目的不清晰，扣 2 分</td><td></td><td></td><td></td><td></td><td></td><td></td><td></td></tr>
<tr><td>2. 机位位置标注清晰准确，能全面覆盖活动关键环节与重要场景，且机位间布局合理，无相互干扰，计 8 分；标注不清、覆盖不全或布局不合理，每错一项扣 2 分</td><td></td><td></td><td></td><td></td><td></td><td></td><td></td></tr>
<tr><td>3. 机位类型、摆放位置及拍摄手法与活动主题风格、氛围高度契合，能突出核心内容与特色，有效传达情感与信息，计 7 分；契合度不足，酌情扣 2 ~ 7 分</td><td></td><td></td><td></td><td></td><td></td><td></td><td></td></tr>
<tr><td>汇总得分</td><td colspan="7"></td></tr>
</table>

## （二）绘制多机位活动视频录制机位图

1. 多机位活动视频录制机位摆放策略需通过绘制机位图进行可视化呈现。阅读信息页中的“多机位活动视频录制机位图的绘制与要点”相关资料，分析机位图的构成要素，完成以下问题。

（1）一张完整的多机位活动视频录制机位图包含__________、______________、______________、__________、______________这 5 个方面的内容。

（2）机位图中场地布局的绘制依据是勘景时的______________和__________。

（3）结合本次录制任务勘景时现场桌椅的布置情况，判断图 3-2-5 中可以在绘制场地布局时代表桌椅的是（　　）。

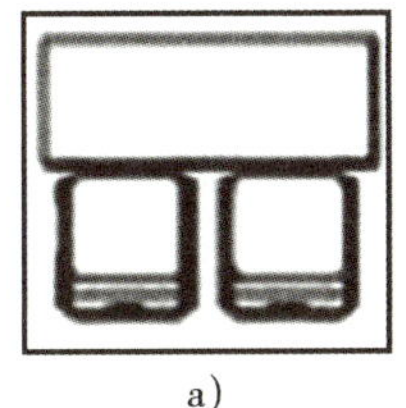
a)

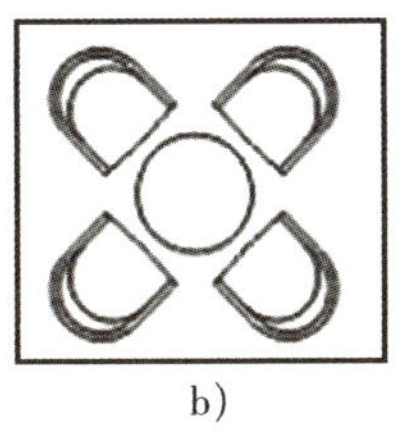
b)

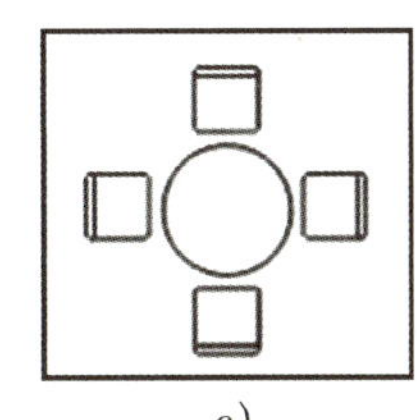
c)

图 3-2-5　桌椅代表符号

2. 机位图的绘制需遵循一定的绘制方法和要求。查阅信息页中的“多机位活动视频录制机位图的绘制与要点”相关资料，梳理机位图绘制的步骤，总结各步骤的绘制要点，填写表 3-2-14。

表 3-2-14　多机位活动视频录制机位图绘制要点

| 序号 | 绘制步骤 | 绘制要点 |
|---|---|---|
| 1 | 绘制并调整场地布局 | 应标注场地的______ |
| 2 | 绘制并调整被拍摄对象位置 | 应标注人物的______，确定人物脸部朝向 |
| 3 | 绘制并调整摄像机位置 | 摄像机要标注不同的______ |
| 4 | 描述摄像机拍摄景别、内容 | 景别和内容根据________进行准确描述 |

3. 根据表 3-2-12 所示多机位活动视频录制机位摆放策略、表 3-2-14 所示多机位活动视频录制机位图绘制要点和表 3-2-5 所示多机位活动视频录制场地尺寸记录单，结合多机位活动视频录制场地勘景照片，绘制两套多机位活动视频录制机位图。

| 机位图 1 | 机位图 2 |
|---|---|
| | |

4. 在多机位活动视频录制领域，场地面积测量和机位图绘制过程要求摄像师具备严谨求实的工作态度。请阅读信息页中的“多机位活动视频录制中严谨求实的内涵解读”相关资料，完成以下问题。

（1）在多机位活动视频录制的场地面积测量和机位图绘制中，“严谨”主要体现在哪些方面？请结合具体例子进行说明，并记录师生共同讨论的结果。

个人观点：____________________________________________________________，
____________________________________________________________________。

师生讨论结果：________________________________________________________，
____________________________________________________________________。

（2）如果不遵循“严谨求实”原则，可能会带来哪些后果？

个人观点：____________________________________________________________，
____________________________________________________________________。

师生讨论结果：________________________________________________________，
____________________________________________________________________。

## 五、选择多机位活动视频录制的设备

### （一）选择多机位活动视频录制摄像机类型

根据多机位活动视频录制任务可知，本次录制采用的设备是摄像机，阅读信息页中的“摄像机级别解析”相关资料，明确摄像机的种类及特点，完成以下问题。

1. 根据性能不同，摄像机可分为______级、______级和____级。

2. 根据表 3-2-15 所示设备图片，写出对应的摄像机类型，并将对应的功能和特点及用途进行连线。

表 3-2-15　　摄像机类型分析

| 设备图片 | 摄像机类型 |
|---|---|
|  | ________ |
|  | ________ |
|  | ________ |

| 功能和特点 | 用途 |
|---|---|
| 功能全面且强大，具备专业的图像处理、音频录制、镜头控制等功能<br>高质量、高稳定性、高可靠性，价格昂贵 | 主要用于广播电视、大型活动直播等专业领域 |
| 功能相对较强，在画质、对焦等方面表现出色，虽然与广播级摄像机相比略有差距，但性能较好，具备一定的专业性，且价格适中 | 常用于影视制作、小型工作室拍摄等 |
| 功能相对简单，主要以拍摄日常场景为主。操作简便，体积小巧，价格亲民 | 满足家庭生活记录、简单创作等需求 |

3. 根据不同类型摄像机的特点和用途，选择本次录制的摄像机类型是__________。

## （二）选择多机位活动视频录制镜头焦距

1. 选定摄像机类型后，需要根据多机位活动视频录制机位图中的机位类型及场地面积数据，选择适合的镜头焦距。阅读信息页中的“摄像机镜头焦距的视角”相关资料，完成以下问题。

（1）按照类型不同，摄像机镜头可划分为______镜头和______镜头，多机位活动视频的录制属于纪实类视频拍摄，为了能在拍摄现场更加快速、灵活地调整取景范围，因此，需使用______镜头。

（2）按照焦段不同，摄像机镜头可划分为______镜头、______镜头和______镜头。

（3）选定摄像机镜头焦距需要考虑的因素包括______、______________、______，当景别和拍摄距离不变时，通过调节______改变镜头视角，从而改变拍摄范围。

（4）请写出不同的摄像机镜头焦距所对应的视角，填写表 3–2–16。

表 3–2–16　摄像机镜头焦距所对应的视角

| 序号 | 焦距 /mm | 摄像机镜头视角 |
|---|---|---|
| 1 | 14 | |
| 2 | 24 | |
| 3 | 35 | |
| 4 | 50 | |
| 5 | 70 | |
| 6 | 85 | |
| 7 | 200 | |

（5）选择镜头焦距时应注意：焦距越短，拍摄的画面产生畸变的现象越明显，边角的部分会有画面畸变以及______的损失，对于本次任务的拍摄，要尽量避免选择该类镜头。

2. 根据两套多机位活动视频录制机位图中各机位的摆放位置和景别，结合镜头焦距的视角，为每个机位选择两个不同焦距的镜头，填写表 3–2–17。

表 3–2–17　多机位活动视频录制机位镜头焦距预选

| 序号 | 机位 | 焦距 1/mm | 焦距 2/mm |
|---|---|---|---|
| 1 | 主机位 | | |
| 2 | 侧机位 | | |
| 3 | 观众机位 | | |
| 4 | 运动机位 | | |

# 六、明确多机位活动视频录制流程和人员分工

## （一）明确多机位活动视频的录制流程

明确多机位活动视频的录制流程可以使摄像师对工作有清晰的认识和规划，确保各项任务有条不紊地进行，提高工作效率。查阅信息页中的“多机位活动视频录制的流程与要点”相关资料，结合本次任务要求，完成以下问题。

明确本任务的录制流程，将图 3-2-6 补充完整。

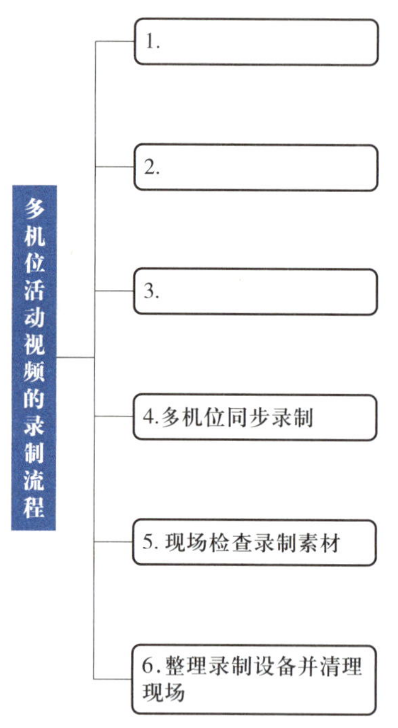


图 3-2-6　多机位活动视频的录制流程

## （二）制定多机位活动视频录制人员分工表

多机位活动视频录制的机位数量较多，需要安排不同的人员负责各机位的录制工作。根据录制流程，结合任务要求，制定本次多机位活动视频录制的人员分工，确定人员名单和工作内容，填写表 3-2-18。

表 3-2-18　多机位活动视频录制的人员分工

| 序号 | 机位 | 人员名单 | 工作内容 |
| --- | --- | --- | --- |
| 1 | 1 号机 | | |
| 2 | 2 号机 | | |
| 3 | 3 号机 | | |
| 4 | 4 号机 | | |

# 学习环节三　做出决策

## 学习目标

能根据多机位活动视频录制机位图决策方法和镜头焦距的选定方法，选定多机位活动视频录制的机位图和镜头焦距。

## 建议学时

4 学时

## 学习要求

| 序号 | 学习步骤 | 学习内容 | 学时 | 备注 |
| --- | --- | --- | --- | --- |
| 1 | 选定多机位活动视频录制的机位图 | 1. 多机位活动视频录制机位图的决策（实践）<br>2. 严谨求实的劳动精神（素养） | 2 | |
| 2 | 选定摄像机的镜头焦距 | 镜头焦距的决策（实践） | 2 | |

### 一、选定多机位活动视频录制的机位图

1. 在初步拟定两种机位摆放策略并绘制机位图后，需要从两套机位图中选定一套最优的机位图，作为现场拍摄时架设机位、确定画面内容和构图的依据。阅读信息页中的“多机位活动视频录制机位图的决策要点分析”相关资料，完成以下问题。

【多选】多机位活动视频录制机位图的决策要点包括（　　）。

A. 机位图的要素是否完整、内容是否规范

B. 机位图反映的内容是否符合录制主题

C. 机位图中的机位安排是否合理

D. 机位图中各机位的景别与机位类型是否匹配

E. 机位摆放是否符合空间要求

F. 机位图中各机位的画面构图是否规范，是否存在穿帮情况

2. 根据表 3–2–9 所示多机位活动视频录制机位图的机位类型分析和表 3–2–10 所示多机位活动视频录制机位架设的场地要求，结合“制订计划”环节中绘制的两套多机位活动视频录制机位图，对机位图进行决策，填写表 3–3–1 和表 3–3–2。

表 3–3–1　　多机位活动视频录制机位图决策表（机位图方案 1）

| 序号 | 决策要点 | 主机位 | 侧机位 | 观众机位 | 运动机位 |
|---|---|---|---|---|---|
| 1 | 机位图的要素是否完整、内容是否规范 | □记录舞台全貌<br>□包含舞台上的全部主要被拍摄人物<br>□包含大部分台下观众 | □记录舞台全貌<br>□记录舞台上的全部主要被拍摄人物 | □记录观众席的全貌 | □记录台下部分或某一观众的反应 |
| 2 | 机位图反映的内容是否符合录制主题 | □记录活动的场地情况<br>□聚焦发言的教师<br>□聚焦台上发言的教师和学生的活动<br>□展现台下观众的精神风貌<br>□表现台上与台下的互动 | □记录活动的场地情况<br>□聚焦发言的教师<br>□聚焦台上发言的教师和学生的活动<br>□展现台下观众的精神风貌<br>□表现台上与台下的互动 | □记录活动的场地情况<br>□聚焦发言的教师<br>□聚焦台上发言的教师和学生的活动<br>□展现台下观众的精神风貌<br>□表现台上与台下的互动 | □记录活动的场地情况<br>□聚焦发言的教师<br>□聚焦台上发言的教师和学生的活动<br>□展现台下观众的精神风貌<br>□表现台上与台下的互动 |
| 3 | 机位选择是否与机位类型相匹配 | □是　□否 | □是　□否 | □是　□否 | □是　□否 |
| 4 | 机位图中各机位的景别与机位类型是否相匹配 | □是　□否 | □是　□否 | □是　□否 | □是　□否 |
| 5 | 机位摆放是否符合空间要求 | □是　□否 | □是　□否 | □是　□否 | □是　□否 |
| 6 | 是否遵守机位摆放的注意事项 | □是　□否 | □是　□否 | □是　□否 | □是　□否 |

表 3-3-2 多机位活动视频录制机位图决策表（机位图方案 2）

| 序号 | 决策要点 | 主机位 | 侧机位 | 观众机位 | 运动机位 |
|---|---|---|---|---|---|
| 1 | 机位图的要素是否完整、内容是否规范 | □记录舞台全貌<br>□包含舞台上的全部主要被拍摄人物<br>□包含大部分台下观众 | □记录舞台全貌<br>□记录舞台上的全部主要被拍摄人物 | □记录观众席的全貌 | □记录台下部分或某一观众的反应 |
| 2 | 机位图反映的内容是否符合录制主题 | □记录活动的场地情况<br>□聚焦发言的教师<br>□聚焦台上发言的教师和学生的活动<br>□展现台下观众的精神风貌<br>□表现台上与台下的互动 | □记录活动的场地情况<br>□聚焦发言的教师<br>□聚焦台上发言的教师和学生的活动<br>□展现台下观众的精神风貌<br>□表现台上与台下的互动 | □记录活动的场地情况<br>□聚焦发言的教师<br>□聚焦台上发言的教师和学生的活动<br>□展现台下观众的精神风貌<br>□表现台上与台下的互动 | □记录活动的场地情况<br>□聚焦发言的教师<br>□聚焦台上发言的教师和学生的活动<br>□展现台下观众的精神风貌<br>□表现台上与台下的互动 |
| 3 | 机位选择是否与机位类型相匹配 | □是 □否 | □是 □否 | □是 □否 | □是 □否 |
| 4 | 机位图中各机位的景别与机位类型是否相匹配 | □是 □否 | □是 □否 | □是 □否 | □是 □否 |
| 5 | 机位摆放是否符合空间要求 | □是 □否 | □是 □否 | □是 □否 | □是 □否 |
| 6 | 是否遵守机位摆放的注意事项 | □是 □否 | □是 □否 | □是 □否 | □是 □否 |

3. 根据决策过程中的多机位活动视频录制机位图决策表，选定本次多机位活动视频录制的机位图，并阐述选定和未选定的理由，填写表 3-3-3。

表 3-3-3 多机位活动视频录制机位图选定表

| 序号 | 多机位活动视频录制机位图 | 是否选定 | 选定或未选定的理由 |
|---|---|---|---|
| 1 | 机位图 1 | □是 □否 | |
| 2 | 机位图 2 | □是 □否 | |

4. 查看选定的机位图，结合考核评分项目，采用自评、组间配对互评与师评相结合的多元评价方式，对绘制的机位图中的要素进行评价，填写表 3-3-4。

表 3-3-4　　“多机位活动视频录制机位图”考核项目评价表

组别：

本考核项目占学习任务考核总分的 10%，可按 10 分计算

| 评分项目 | 得分（自评占比 30%、组间配对互评占比 30%、师评占比 40%） | | | | | | | |
|---|---|---|---|---|---|---|---|---|
| | 自评 | 组间配对互评（学生姓名） | | | | | | 师评 |
| | | | | | | | | |
| 1. 录制对象位置标注准确，不同对象的位置关系清晰，关键对象移动范围标注明确，计 3 分；位置标注有误、关系不清晰或移动范围标注缺失，每处扣 1 分 | | | | | | | | |
| 2. 机位类型标注清晰准确，计 2 分；标注不清晰或错误，扣 1 ~ 2 分 | | | | | | | | |
| 3. 各机位景别标注规范准确，计 2 分；标注不规范或错误，扣 1 ~ 2 分 | | | | | | | | |
| 4. 各机位拍摄内容标注清晰，描述完整准确，计 3 分；标注不清晰、描述不完整或不准确，每处扣 1 分 | | | | | | | | |
| 汇总得分 | | | | | | | | |

## 二、选定摄像机的镜头焦距

1. 在选定合理的机位图后，需要对机位图中摄像机镜头的焦距进行合理性验证。阅读信息页中的“关于镜头焦距合理性验证的探讨”相关资料，完成以下问题。

（1）镜头焦距合理性验证的要素包括以下方面：镜头焦距与__________的匹配、镜头焦距与______的匹配、镜头焦距的______与拍摄内容的匹配、镜头焦距的视角是否产生__________现象。

（2）**【单选】**在进行镜头焦距合理性验证时，需要综合考虑多个要素。当特定长焦机位与镜头焦距不匹配时，可能会出现的情况是（　　）。

A. 无法准确捕捉画面

B. 景别效果无法精准实现

C. 拍摄内容的视角不相符

D. 出现广角畸变现象

(3)【单选】下列关于镜头焦距合理性验证的说法中，错误的是（　　）。

A. 镜头焦距与机位类型的匹配至关重要，不同机位类型需对应合适焦距，才能充分发挥作用

B. 景别决定了画面范围和重点，合适的焦距能精准实现景别效果，二者需要完美搭配

C. 不同拍摄内容对视角有不同要求，焦距视角需与拍摄内容匹配才能准确传达信息和情感

D. 只要关注镜头焦距与景别的匹配，无须考虑其他要素，就能确保验证合理

2. 根据“制订计划”环节中“摄像机镜头焦距所对应的视角”和镜头焦距合理性验证的要素，对预选的两套镜头焦距进行决策，填写表 3–3–5。

表 3–3–5　多机位活动视频录制机位对应焦距决策

| 机位类型 | 镜头焦距 | 镜头焦距与机位类型是否匹配 | 镜头焦距与景别是否匹配 | 镜头焦距是否存在广角畸变 |
|---|---|---|---|---|
| 主机位 | □焦距 1： | □是　□否 | □是　□否 | □是　□否 |
| | □焦距 2： | □是　□否 | □是　□否 | □是　□否 |
| 侧机位 | □焦距 1： | □是　□否 | □是　□否 | □是　□否 |
| | □焦距 2： | □是　□否 | □是　□否 | □是　□否 |
| 观众机位 | □焦距 1： | □是　□否 | □是　□否 | □是　□否 |
| | □焦距 2： | □是　□否 | □是　□否 | □是　□否 |
| 运动机位 | □焦距 1： | □是　□否 | □是　□否 | □是　□否 |
| | □焦距 2： | □是　□否 | □是　□否 | □是　□否 |

3. 请写出本次多机位活动视频录制中各机位的镜头焦距，根据表 3–3–5 所示多机位活动视频录制机位对应焦距决策，阐述选定理由，填写表 3–3–6。

表 3–3–6　多机位活动视频录制机位镜头焦距选定

| 序号 | 机位 | 焦距选定 /mm | 选定理由 |
|---|---|---|---|
| 1 | 主机位 | | |
| 2 | 侧机位 | | |
| 3 | 观众机位 | | |
| 4 | 运动机位 | | |

# 学习环节四 实施计划

## 学习目标

1. 根据录制方案，能对多机位活动视频的录制设备进行检查，确保领取的设备齐全，符合操作规范。

2. 能根据机位图和分镜头脚本等方案，架设并调试摄像机，确保曝光、白平衡等参数准确一致。

3. 能进行团队合作，操作 4 台摄像机完成全程不间断的同步录制。录制期间，能根据导播指令，与团队摄像师积极沟通，实时调整画面构图。

## 建议学时

42 学时

## 学习要求

| 序号 | 学习步骤 | 学习内容 | 学时 | 备注 |
|---|---|---|---|---|
| 1 | 明确摄像机及附件的操作规范 | 1. 摄像机的保养（理论）<br>2. 摄像机及附件安全操作规范（理论） | 2 | |
| 2 | 检查并安装摄像机及附件 | 1. 摄像机及附件的检查（理论）<br>2. 摄像机及相关器材的安装（实践）<br>3. 规范意识（素养） | 6 | |
| 3 | 调试摄像机功能 | 摄像机功能解析（理论） | 2 | |
| 4 | 架设多机位摄像机 | 1. 多机位活动摄像机的架设（实践）<br>2. 安全意识（素养） | 2 | |
| 5 | 设置并统一摄像机基础参数 | 1. 摄像机基础参数的调节（实践）<br>2. 用于设备参数设置的一致性原则（理论） | 6 | |

续表

| 序号 | 学习步骤 | 学习内容 | 学时 | 备注 |
|---|---|---|---|---|
| 6 | 调节摄像机画面曝光 | 摄像机曝光控制方法（理论） | 2 | |
| 7 | 确定多机位活动视频录制画面景别和构图 | 摄像机画面调节方法（理论） | 4 | |
| 8 | 设置并统一摄像机白平衡 | 摄像机白平衡的参数设置（实践） | 2 | |
| 9 | 演练多机位活动视频录制运动镜头的拍摄 | 1. 运动镜头的工作原理（理论）<br>2. 运动镜头的拍摄技巧（理论） | 4 | |
| 10 | 演练多机位活动视频同步录制 | 1. 多机位同步录制的标准（理论）<br>2. 主镜头与辅镜头切换的多机位同步录制技巧（理论） | 4 | |
| 11 | 现场录制多机位活动视频 | 1. 录制过程中与导播沟通的方法（理论）<br>2. 与人合作能力（素养）<br>3. 解决问题能力（素养） | 8 | |

## 一、明确摄像机及附件的操作规范

### （一）保养摄像机

1. 在现场录制前做好摄像机的保养，能降低故障发生概率，减少拍摄过程中因突发问题影响拍摄进度和质量的风险。阅读信息页中的“摄像机的保养项目”相关资料，明确摄像机的保养要点，思考并完成以下问题。

（1）摄像机的保养分为____________、______、______、______、________、____________共计 6 个保养项目。

（2）摄像机的保养方式分为______式和________式。

（3）【单选】下列关于摄像机保养的说法中，错误的是（　　）。

A. 要用干净柔软的布擦拭摄像机机身

B. 只需清洁镜头，不用安装遮光罩

C. 要定期检查电池状态，正确充放电

D. 要定期备份数据，检查存储设备状况

（4）【单选】长时间不使用摄像机时，应（　　）。

A. 让电池留在摄像机内　　B. 取出电池并随意放置

C. 取出电池并妥善存放　　D. 对电池进行过度充电

2. 不同的保养项目需使用不同的保养工具。阅读信息页中的“摄像机的保养工具”相关资料，将表 3-4-1 所示保养工具与保养项目进行连线，并写出操作人员。

表 3-4-1 保养工具与保养项目

| 保养工具 |
| --- |
|  硅胶头气吹 |
|  镜头笔 |
|  软毛刷 |
|  相机清洁液 |
| 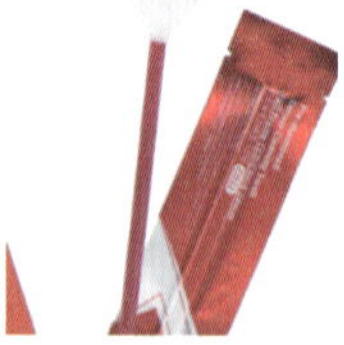 传感器清洁棒 |
|  LENS CLEANING TISSUE<br>镜头纸 |

| 保养项目 | 操作人员 |
| --- | --- |
|  摄像机机身 | |
|  摄像机镜头 | |
|  传感器 | |
|  存储卡卡槽 | |
|  摄像机目镜 | |
|  电池 | |

3. 在进行摄像机的保养时，不同的保养项目对操作人员有具体要求。根据保养要点保养摄像机，完善摄像机保养操作要点，填写表 3-4-2。

表 3-4-2 摄像机保养操作要点

| 序号 | 保养项目 | 操作要点 |
| --- | --- | --- |
| 1 | 摄像机机身 | 使用合适的清洁工具，如吹气球、刷子、清洁绒等专用工具清洁摄像机机身，避免使用________物品，以防对摄像机造成损伤 |
| 2 | 摄像机镜头 | 使用__________________轻轻擦拭摄像机镜头表面，以去除灰尘、指纹和油渍。使用吹气球去除镜头上的尘埃，避免使用有________的化学物质 |
| 3 | 电池 | 使用原装或兼容的充电器为电池充电，并避免__________。长时间不使用摄像机时，应将电池取出并存放在干燥而凉爽的地方 |
| 4 | 摄像机目镜 | 使用专用的________轻轻擦拭摄像机目镜的液晶显示屏和取景器，避免使用酒精或其他有害液体擦拭 |

## （二）明确摄像机安全操作要点

明确摄像机的安全操作规范，能全方位保障人员安全、设备完好，确保拍摄效果与数据安全。阅读信息页中的“摄像机安全操作指南”相关资料，明确摄像机安全操作的要求，思考并完成以下问题。

1. 执行摄像机安全操作规范的目的是保障______安全、______安全和______安全。

2. 根据摄像机安全操作规范操作摄像机，完善摄像机及附件的安全操作要点，填写表 3-4-3。

表 3-4-3　　摄像机及附件的安全操作要点

| 序号 | 操作项目 | 操作要点 |
| --- | --- | --- |
| 1 | 摄像机 | 移动和运输摄像机时，需使用合适的______和保护措施，避免______和______，且要做到轻拿轻放<br>在拍摄过程中，应尽可能避免在诸如暴雨、狂风等恶劣天气条件下使用，以防__________，还要注意______和______的稳定，防止摄像机掉落而摔坏 |
| 2 | 镜头 | 在使用过程中，要避免用手或其他物体触碰__________。对于可更换镜头的摄像机，安装和拆卸镜头时要格外小心操作，防止______或______接口<br>在拍摄完成后，应第一时间安装镜头盖，降低镜头受损的概率 |
| 3 | 存储卡 | 插入存储卡前需确保摄像机______，找准卡槽并按正确方向平稳插入。取出时要先______数据读写，再按照相应方式安全取出，避免损坏存储卡或导致数据丢失<br>防止存储卡处于极端温度、湿度和静电环境中，同时避免______损伤。定期备份数据并检查其完整性，______时需谨慎操作，使用正确的操作方式且避免频繁格式化 |
| 4 | 电池 | 检查电池外观有无破损、电极是否清洁，确认适配的摄像机型号，参考说明书，以确保正确选择电池<br>正确安装电池，避免______，注意电池____情况，防止过热，在高温环境中应适当散热<br>用______或____充电器，保持通风，不过度充电，长期不使用需定期______，并存放在干燥阴凉处，避免碰撞、摔落、拆解，并定期检查 |
| 5 | 麦克风 | 避免在恶劣环境中使用，如强风、潮湿或多尘处，以防损坏内部元件。使用时，注意声音______，保持适当距离，避免声音失真或录入过多杂音。录制结束后，应及时关闭麦克风并妥善存放，防止______和________ |
| 6 | 三脚架 | 确保三脚架的____伸缩顺畅、连接稳固，各部件完整无损坏。安装摄像机时，注意保持稳固，并合理调整角度，高度和水平调节应恰当。使用过程中遵守______限制，在户外使用时注意防风，避免碰撞和震动。使用完毕及时进行清洁、干燥并正确收纳，存放在适宜的环境中，定期对腿管、云台等进行检查和维护，以保障三脚架的性能与安全，延长其使用寿命 |

## 二、检查并安装摄像机及附件

### （一）填写多机位活动视频录制设备领用单

填写多机位活动视频录制设备领用单，通过确定设备的领用人，能明确其对设备保管、使用和归还的责任。阅读信息页中的“多机位活动视频录制设备领用单（样例）”相关资料，明确设备领用单中的内容分类和填写规范，根据录制方案中的设备选择清单，填写表 3-4-4。

表 3-4-4　　多机位活动视频录制设备领用单

| 录制任务 | 多机位活动视频录制 | | |
|---|---|---|---|
| 设备出库人 | | 设备领取负责人 | |
| 班级 | | 录制人员 | |
| 录制地点 | | 日期 | 年 月 日 时 分 |
| 设备明细 | 机身 | | |
| | 镜头 | | |
| | 电池 | | |
| | 存储卡 | | |
| | 麦克风 | | |
| | 三脚架 | | |
| 归还时间 | 年 月 日 时 分 | 验收人 | |
| 设备使用问题 | | | |
| 处理结果 | | | |

注意事项：

1. 领取设备时，需开机检查设备是否能正常运行，并仔细检查配件是否齐全
2. 确认领取设备的型号是否与领用单中的一致
3. 严格按照器材的使用说明和技术操作规程进行操作
4. 归还设备前，需先存储并导出素材

## （二）领取并检查摄像机及附件

1. 通过检查，可以及时发现摄像机是否存在故障或损坏，从而避免在拍摄过程中出现意外停机等问题，以防影响拍摄进度和质量。阅读信息页中的“摄像机及附件的检查要点”相关资料，总结摄像机及附件的检查要点，完成以下问题。

（1）描述下列镜头出现的问题，并在无问题、质量良好的镜头下方打√。

（　　）　　（　　）　　（　　）　　（　　）

（2）【多选】若摄像机镜头的镜片出现（　　），可使用清洁工具进行清洁；若镜片出现（　　），需上报设备管理人员进行处理。

A. 划痕　　B. 落灰

C. 指纹　　D. 破裂

（3）【多选】若电池（　　），不能再继续使用。

A. 鼓包　　B. 磨损

C. 落灰　　D. 漏液

（4）【单选】若三脚架快装板的螺钉尺寸与摄像机不匹配，会导致（　　）。

A. 三脚架无法使用

B. 摄像机无法安装在三脚架上

C. 摄像机安装不牢固

D. 摄像机可正常使用

（5）【多选】在实施录制任务的过程中，应在（　　）环节检查设备。

A. 现场录制前　　B. 领取设备后

C. 录制结束后　　D. 归还设备前

（6）摄像机及附件的检查项目包括______、______、______、________、______、________。

（7）摄像机及附件的检查内容包括确认设备的___________、___________，检查设备的___________。

2. 在录制多机位活动视频前，明确摄像机及附件的检查要点意义重大，以确保设备能正常运行，避免设备故障导致拍摄中断，保障拍摄工作顺利完成。阅读信息页中的“摄像机及附件的检查要点”相关资料，完善摄像机及附件的检查要点，填写表 3-4-5。

表 3-4-5　　摄像机及附件的检查要点

| 序号 | 检查项目 | 检查要点 |
| --- | --- | --- |
| 1 | 机身 | 确认摄像机的型号是否与录制方案中的型号一致<br>检查外观是否有______和_________，重点关注_________是否开裂<br>确认各接口的使用情况和_________的覆盖情况 |
| 2 | 镜头 | 确认卡口型号与机身是否兼容<br>确认镜头的焦距是否与录制方案一致<br>检查镜头的外观是否有破损<br>检查镜头的镜片是否有______、______或______ |
| 3 | 电池 | 确认电池型号是否可供摄像机使用<br>检查电池外观是否有______或______情况 |

续表

| 序号 | 检查项目 | 检查要点 |
| --- | --- | --- |
| 4 | 存储卡 | 确认存储卡______与本次领取的摄像机是否______<br>确认存储卡外观是否有______、______ |
| 5 | 麦克风 | 确认麦克风__________是否与摄像机匹配<br>检查麦克风外观是否有______和______<br>检查麦克风线缆是否有______或______情况 |
| 6 | 三脚架 | 确认三脚架的承重是否符合本次领取的摄像机的重量要求<br>打开三脚架，确认支撑件的稳定性，检查各连接部位的________________是否牢固<br>检查云台的______________和______________是否正常<br>确认快装板螺钉的____________<br>检查快装板螺钉的______是否有破损 |

3. 根据设备领用单领取设备和摄像机及附件的检查要点，明确摄像机及附件的检查步骤，对领取的设备进行检查，填写表 3-4-6。

表 3-4-6　设备检查记录单

| 设备或配件名称 | 设备及配件型号 | 数量是否准确 | 检查情况 | 问题处理措施 |
| --- | --- | --- | --- | --- |
| 机身 | | □是　□否 | | |
| 镜头 | | □是　□否 | | |
| 电池 | | □是　□否 | | |
| 存储卡 | | □是　□否 | | |
| 麦克风 | | □是　□否 | | |
| 三脚架 | | □是　□否 | | |
| 快装板 | | □是　□否 | | |
| 检查人：<br>日期： | | 设备管理人员：<br>日期： | | |

## （三）安装摄像机及附件

1. 在对摄像机及附件进行外观检查后，需安装摄像机及附件，以确定设备是否能正常使用。仔细观察摄像机安装的步骤和要点，完成以下问题。

（1）摄像机的安装分为__________、____________、__________、________________、____________、__________________共计 6 个步骤。

（2）梳理摄像机安装步骤，根据表 3-4-7 中的图示，填写对应的安装步骤，完善安装要点。

表 3-4-7　　　　摄像机安装要点

| 序号 | 图示 | 安装步骤 | 安装要点 |
| --- | --- | --- | --- |
| 1 |  | ________ | 打开三脚架后，应先将______调节至______状态，再分别打开三脚架的锁止装置，将三脚架调节至______高度后，再次锁定三脚架 |
| 2 | 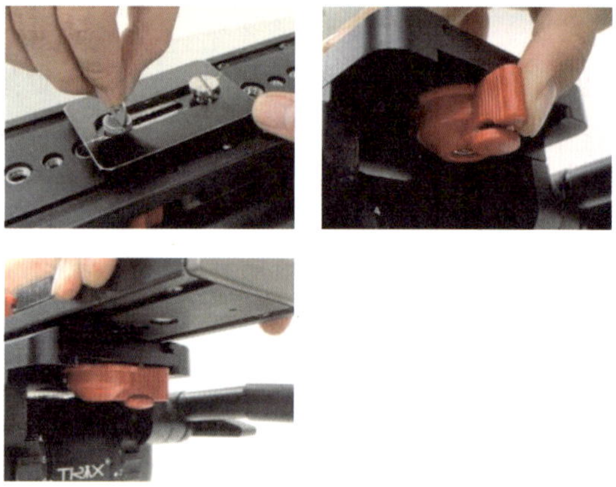 | ________ | 安装快装板时，应先将______________拧紧，以防______松动，再打开快装板的______，将快装板按照正确的方向推入三脚架，检查三脚架的锁定装置是否______ |
| 3 |  | ________ | 将摄像机从____向____推，当快装板进入______后，锁紧________ |
| 4 | 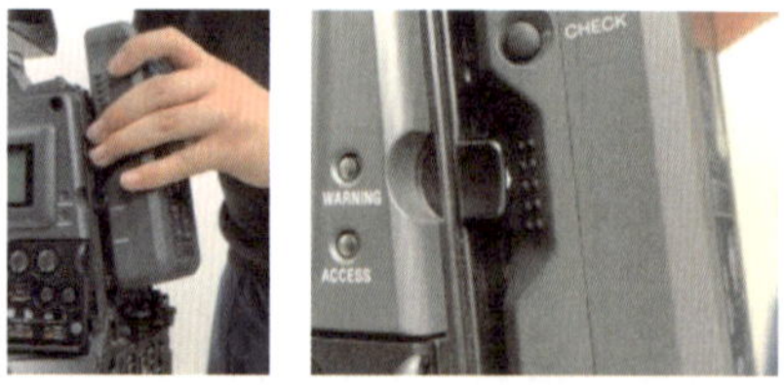 | ________ | 安装电池时应注意______________，电池安装完成后，应进行______操作，确认电池是否安装到位 |
| 5 |  | ________ | 安装存储卡时，应先打开存储卡卡槽，调整好存储卡的__________，缓慢将存储卡插入卡槽 |

续表

| 序号 | 图示 | 安装步骤 | 安装要点 |
| --- | --- | --- | --- |
| 6 |  | ________ | 安装麦克风时，应拧松固定麦克风的螺钉，将麦克风安装进卡槽，再拧紧螺钉，在安装时应注意麦克风________ |

2. 依据摄像机及附件的安装步骤、要点与注意事项，安装摄像机及附件。安装结束后，记录摄像机及附件安装中的易错点，总结安装技巧，完成以下问题。

（1）记录摄像机及附件安装和调节过程中的易错点

1）摄像机安装易错点：________________________。

2）三脚架调节易错点：________________________。

3）云台水平调节易错点：________________________。

4）快装板安装易错点：________________________。

5）电池安装易错点：________________________。

6）存储卡安装易错点：________________________。

7）麦克风安装易错点：________________________。

（2）总结摄像机及附件的安装、使用和调节技巧

1）摄像机安装技巧：________________________。

2）三脚架使用技巧：________________________。

3）云台水平调节技巧：________________________。

4）快装板安装技巧：________________________。

5）电池安装技巧：________________________。

6）存储卡安装技巧：________________________。

7）麦克风安装技巧：________________________。

（3）在设备安装过程中，还存在哪些问题？这些问题是否解决了？是如何解决的？

设备安装问题记录：________________________________________________。

设备安装问题解决记录：____________________________________________。

## 三、调试摄像机功能

### （一）解析摄像机功能

1. 安装摄像机及附件后，需要将摄像机开机，以调试摄像机功能。阅读信息页中的“摄像机功能解析与调试要点全览”相关资料，总结摄像机功能调试的要点，完成以下问题。

（1）摄像机功能调试的目的是确认设备的______________是否正常，避免因设备功能故障而导致设备无法正常使用。

（2）摄像机的________功能可以使摄像机在各种光线环境下都能精准还原色彩。

（3）【单选】下列关于摄像机功能的说法中，正确的是（　　）。

A. 使用自动对焦功能确保画面清晰

B. 使用光学变焦功能不会影响画质

C. 使用白平衡调节可避免画面偏色

D. 光圈只影响光量，对其他无影响

（4）【单选】在强光环境下，为避免过曝，可以使用（　　）。

A. 光圈　　B. ND 滤镜　　C. 快门　　D. 增益

2. 在调试摄像机功能的过程中，由于调试了不同的参数，摄像机取景器画面会发生相应的变化。观看“摄像机功能调试”相关视频素材，观察摄像机各项功能调试对应的取景器画面发生的变化，填写表 3-4-8。

表 3-4-8　　摄像机功能调试要点分析

| 序号 | 功能 | 操作 | 取景器变化 |
|---|---|---|---|
| 1 | 光圈 | 将数值调大 | □画面变亮　□画面变暗 |
| | | 将数值调小 | □画面变亮　□画面变暗 |
| 2 | 快门 | 将数值调大 | □画面变亮　□画面变暗 |
| | | 将数值调小 | □画面变亮　□画面变暗 |
| 3 | 增益 | 将数值调大 | □画面变亮　□画面变暗 |
| | | 将数值调小 | □画面变亮　□画面变暗 |
| 4 | ND 滤镜 | 将挡位升高 | □画面变亮　□画面变暗 |
| | | 将挡位降低 | □画面变亮　□画面变暗 |
| 5 | 白平衡 | 将数值调大 | □画面偏蓝　□画面偏黄 |
| | | 将数值调小 | □画面偏蓝　□画面偏黄 |

续表

| 序号 | 功能 | 操作 | 取景器变化 |
| --- | --- | --- | --- |
| 6 | 聚焦 | 向左转动 | □画面远端物体实焦<br>□画面近端物体实焦 |
| | | 向右转动 | □画面远端物体实焦<br>□画面近端物体实焦 |
| 7 | 变焦 | 按下 T 挡 | □画面取景范围缩小<br>□画面取景范围扩大 |
| | | 按下 W 挡 | □画面取景范围缩小<br>□画面取景范围扩大 |
| 8 | 声音 | 将输入数值调大 | □取景器音轨波形下降<br>□取景器音轨波形上升 |
| | | 将输入数值调小 | □取景器音轨波形下降<br>□取景器音轨波形上升 |

## （二）调试并检查摄像机功能

1. 检查并调试摄像机，以保证摄像机在录制过程中不会出现故障或异常，确保摄像机使用的连续性和稳定性。查阅“摄像机使用说明书”相关资料，根据摄像机功能调试的要素，在说明书中找到需要调试的功能在摄像机中对应的按键位置或菜单栏的位置，填写表 3-4-9。

表 3-4-9　　摄像机功能调试的方法

| 序号 | 项目 | 按键位置或在菜单栏中的位置 | 调试方法 |
| --- | --- | --- | --- |
| 1 | 光圈 | 例如，光圈在镜头靠近的位置 | 例如，左右旋转光圈调节环，观察取景器中画面的变化 |
| 2 | 快门 | | |
| 3 | 增益 | | |
| 4 | ND 滤镜 | | |
| 5 | 白平衡 | | |
| 6 | 聚焦 | | |
| 7 | 变焦 | | |
| 8 | 声音 | | |

2. 请根据表 3–4–9 所示摄像机功能调试的方法和表 3–4–8 所示摄像机功能调试要点分析，对已安装的摄像机功能进行调试，记录各项功能的调试结果，填写表 3–4–10。

表 3–4–10　　摄像机功能调试记录单

| 序号 | 调试项目 | 是否正常 | 问题描述 |
| --- | --- | --- | --- |
| 1 | 光圈 | □是　□否 | |
| 2 | 快门 | □是　□否 | |
| 3 | 增益 | □是　□否 | |
| 4 | ND 滤镜 | □是　□否 | |
| 5 | 白平衡 | □是　□否 | |
| 6 | 聚焦 | □是　□否 | |
| 7 | 变焦 | □是　□否 | |
| 8 | 声音 | □是　□否 | |
| 检查人签字： | 设备管理员签字： | 日期：　年　月　日 | |

注：若在调试过程中摄像机功能出现问题，请联系设备管理员处理。

## 四、架设多机位摄像机

1. 摄像机架设情况决定了录制的画面是否符合录制策略。观看“多机位活动视频录制的机位架设”相关视频素材，明确多机位活动视频录制时摄像机架设的具体要求，完成以下问题。

（1）【多选】在多机位活动视频录制现场架设机位的步骤是（　　）。

A. 选择摄像机架设位置　　B. 安装摄像机

C. 调节并锁定三脚架高度　　D. 连接相关设备并调试

（2）【单选】摄像机架设的机位选择依据是（　　）。

A. 现场情况　　B. 机位图中的摄像机位置

C. 摄像机镜头焦距　　D. 摄像师个人经验

（3）【多选】在调节摄像机高度时，应注意按照机位图中对于拍摄角度的要求进行调节，平视时对应的三脚架高度应为（　　），俯视时对应的三脚架高度应为（　　）。

A. 高于主要被拍摄对象身高

B. 低于主要被拍摄对象身高

C. 与被拍摄对象高度一致

D. 略低于被拍摄对象身高

2. 根据多机位活动视频录制机位图，结合表 3-4-7 所示摄像机安装要点，在多机位活动视频录制现场选择各摄像机摆放的位置，架设并安装摄像机。

3. 阅读下方案例，结合各小组的双机位人物访谈视频录制现场的布置情况，小组讨论并思考案例中存在的问题，完成以下问题。

案例一：在一次多机位活动视频录制过程中，为了获得更好的拍摄角度，工作人员将一台摄像机架设在一个不太稳固的临时搭建的平台上。在录制过程中，平台突然坍塌，摄像机摔坏，所幸没有人员受伤。

（1）此案例中，导致摄像机摔坏的主要原因是什么？

______________________________

______________________________

______________________________

（2）为避免此类情况再次发生，在架设摄像机前应做好哪些准备工作？

______________________________

______________________________

______________________________

______________________________

案例二：在某多机位活动视频录制现场，一名工作人员在架设摄像机时没有注意到周边的电线，导致摄像机的支架不小心碰到了电线，引发了短暂的电路故障，影响了录制工作的正常进行。

（1）这个案例中反映出的安全隐患是什么？

______________________________

______________________________

______________________________

（2）针对这种情况，应如何加强工作人员的安全意识和防范措施？

______________________________

______________________________

______________________________

______________________________

## 五、设置并统一摄像机基础参数

### （一）总结摄像机基础参数的调节方法

1. 调节摄像机基础参数，能使摄像机的设置符合特定拍摄场景和风格的要求。阅读信息页中的“视频参数设置要点”相关资料，明确摄像机基础参数的调节依据，总结摄像机基础参数的调节要素及要求。

（1）摄像机基础参数的调节依据表 3-1-1 所示多机位活动视频录制任务关键信息提取中的＿＿＿＿＿＿＿＿。

（2）摄像机基础参数设置要素具体包括＿＿＿＿＿＿、＿＿＿＿＿＿、＿＿＿＿＿＿＿、＿＿＿＿＿＿共计 4 项内容。

（3）视频格式包括＿＿＿、＿＿＿、＿＿＿。

（4）视频分辨率包括＿＿＿、＿＿＿、＿＿＿。

（5）视频帧率包括＿＿＿、＿＿＿、＿＿＿。

（6）快门速度可根据帧率进行调节，快门速度的分母是帧率的＿＿倍。

2. 对照表 3-1-1 所示多机位活动视频录制任务关键信息提取，明确本次多机位活动视频录制的摄像机各项基础参数调节要求如下：视频格式：＿＿＿＿＿＿＿＿＿，视频分辨率：＿＿＿＿＿＿＿＿，视频帧率：＿＿＿＿＿＿＿＿，快门速度：＿＿＿＿＿＿＿＿＿。

3. 根据摄像机基础参数设置的要素，查阅“摄像机使用说明书”相关资料，在摄像机中找到对应的参数调节位置和按键方式，填写表 3-4-11。

表 3-4-11 摄像机基础参数设置

| 序号 | 基础参数要素 | 参数在摄像机中对应的菜单位置 | 参数设置方法 |
| --- | --- | --- | --- |
| 1 | 格式 | | |
| 2 | 分辨率 | | |
| 3 | 帧率 | | |
| 4 | 快门速度 | | |

### （二）调节并统一多机位摄像机的基础参数

1. 统一摄像机参数有助于实现整个录制内容在视觉风格上的统一性和协调性。阅读信息页中的“多机位活动视频录制参数的一致性原则”相关资料，明确设备参数设置一致性原则的基本概念。

（1）设备参数的一致性原则是指多台摄像机拍摄时，为了获得更好的________和提高________效率，确保______、______、______、________这 4 项参数在各摄像机之间保持一致。

（2）摄像机格式统一的目的是避免不同摄像机的素材在后期制作软件中出现______的问题。

（3）分辨率统一的目的是____________________。

（4）帧率统一的目的是____________________________________。

2. 根据本次多机位活动视频录制中摄像机基础参数调节的要求和表 3–4–11 所示摄像机基础参数设置，观看“多机位活动视频录制中摄像机基础参数调节步骤讲解”相关视频素材，分别调节并记录 4 台摄像机的基础参数，填写表 3–4–12。

表 3–4–12　　摄像机基础参数记录单

| 序号 | 基础参数 | 摄像机参数 |
| --- | --- | --- |
| 1 | 格式 | |
| 2 | 分辨率 | |
| 3 | 帧率 | |
| 4 | 快门速度 | |

## 六、调节摄像机画面曝光

### （一）分析摄像机曝光控制方法

1. 良好的曝光能提升画面的整体质量和视觉效果，让观众获得更好的观看体验。观看“摄像机曝光控制调节方法”相关视频素材，重点关注视频中哪些参数会影响画面曝光，完成下列问题。

（1）【多选】下列选项中，（　　）会影响摄像机的画面曝光。

A. 光圈　　B. 增益　　C. 白平衡

D. 快门速度　　E. ND 滤镜

（2）直方图的作用是____________________________________________。

（3）【单选】在观察摄像机直方图时，下列中（　　）最可能表示画面曝光过度。

A. 直方图整体向左偏移，大部分像素集中在阴影区域，左侧有明显截断

B. 直方图整体向右偏移，大部分像素集中在中间调和高光区域，右侧有明显截断

C. 直方图像一个左右两边都没有被截断的小山丘，像素分布均匀

D. 直方图整体向左偏移，大部分像素集中在中间调和暗部区域，左侧没有明显截断

（4）【单选】观察图 3–4–1，曝光正常的直方图是（　　）。

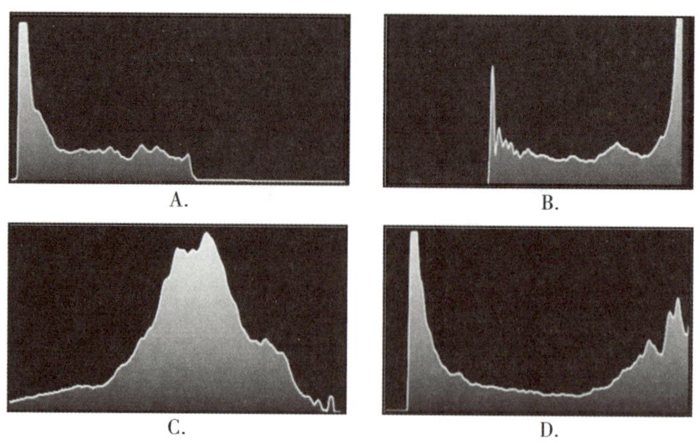


图 3-4-1 摄像机直方图

2. 根据摄像机曝光控制的要素，阅读信息页中的“摄像机使用说明书”相关资料，在摄像机中找到对应的参数调节按键和菜单，并拍摄照片，填写表 3-4-13。

表 3-4-13 摄像机曝光参数调节

| 序号 | 曝光要素 | 参数在摄像机中对应的菜单位置 | 参数设置方法 |
|---|---|---|---|
| 1 | 光圈 | | |
| 2 | 增益 | | |
| 3 | ND 滤镜 | | |

## （二）调节摄像机曝光参数

根据摄像机曝光调节方法，结合上文所述设备参数的一致性原则的相关资料，观察摄像机直方图，调节摄像机参数，获取曝光正常的画面，根据个人理解，思考每个参数的调节意图，填写表 3-4-14。

表 3-4-14 摄像机画面曝光参数记录单

| 序号 | 要素 | 参数记录 | 调节意图 |
|---|---|---|---|
| 1 | 光圈 | F8 | 确保一定的景深范围 |
| 2 | | | |
| 3 | | | |
| 4 | | | |

# 七、确定多机位活动视频录制画面景别和构图

## （一）明确摄像机画面的调节方法

掌握摄像机的拍摄方法，有助于拍出更清晰、更具美感、更有表现力的视频画面。观看“摄像机画面调节的步骤和方法”相关视频素材，思考并提取使用摄像机拍摄时画面调节的步骤和要点，完成以下问题。

（1）【排序】使用摄像机拍摄画面时的步骤是（　　）。

A. 调节聚焦环，确定画面焦点　　B. 调节变焦环，确定画面构图

C. 调节三脚架云台，确定拍摄角度　　D. 按下录制按钮，开始拍摄

（2）变焦环的调节要点是______________________________。

（3）聚焦环的调节要点是____________________。

（4）三脚架云台的操作要点是________________。

### （二）调节摄像机画面景别和构图

根据多机位活动视频录制机位图，结合摄像机的拍摄方法和要点调节摄像机，确定4台摄像机的画面构图，与教师沟通确认调节的最终画面，记录教师反馈意见，根据反馈意见调整构图，填写表3-4-15。

表3-4-15　摄像机画面调节记录

| 序号 | 机位 | 画面景别 | 反馈意见 |
|---|---|---|---|
| 1 | 1号机 | | |
| 2 | 2号机 | | |
| 3 | 3号机 | | |
| 4 | 4号机 | | |

## 八、设置并统一摄像机白平衡

### （一）总结摄像机白平衡的调节方法和要点

1. 准确的白平衡能使录制的视频画面色彩准确还原。阅读信息页中的“摄像机白平衡的概念与调节方法”相关资料，总结摄像机白平衡的调节方法，完成以下问题。

（1）【单选】调节摄像机白平衡的主要作用是（　　）。

A. 在不同的光线条件下，使所有物体都呈现出真正的颜色

B. 在不同的光线条件下，通过调整内部设置，使白色物体在拍摄画面中呈现出真正的白色，而不带有其他色彩偏差

C. 在不同的光线条件下，使画面更加清晰

D. 在不同的光线条件下，使画面更加明亮

（2）调节摄像机白平衡的步骤如下：先选择合适的______，然后将摄像机对准被拍摄主体，接着进入________设置界面，可选择自动白平衡、预设白平衡，或通过手动方式，如__________________输入色温值或对白色或中性灰色物体进行自定义白平衡设置。

2. 白平衡调节的要点

（1）【单选】在混合光源环境（如室内有日光和灯光同时照明）下，白平衡调节方式较为合适的是（　　）。

A. 只使用自动白平衡，不进行其他调整

B. 直接选择一种预设白平衡模式，如日光模式

C. 以受主要光源照射的白色物体为参考，进行手动白平衡调节

D. 随意调节白平衡，根据拍摄效果进行多次尝试

（2）在进行摄像机白平衡调节时，如果拍摄环境中有强烈的________，可能会使白色参考物看起来带有其他色调，从而影响白平衡的准确性，此时应尽量避免采用________或__________等方式解决。

## （二）调节并统一摄像机白平衡

1. 在录制前统一摄像机白平衡，方便后期制作时不必花费大量时间和精力去逐一校正不同摄像机的色彩偏差，使后期流程更加顺畅。阅读信息页中的“多机位活动视频录制中统一白平衡的作用及方法”相关资料，总结多机位活动视频录制中摄像机白平衡统一的步骤和要点。

（1）在进行多机位活动视频录制时，____________是至关重要的环节，原因如下：能确保不同机位拍摄出的画面在色彩上保持一致性，避免在不同机位画面切换时出现明显色彩差异，影响视频的____________和整体观感，同时也有利于后期制作时的色彩调整和匹配，减少因__________带来的后期处理难度。

（2）以下是 4 台摄像机调节白平衡步骤的相关描述，请按正确的步骤顺序进行排序，并将序号填入括号中。

（　　）采用相同的白平衡模式，比如都选择自动白平衡，或者采用相同的预设模式，例如日光模式等。

（　　）选择一个合适的场景，这个场景中需存在具有代表性的白色或中性灰色物体，并且要保证所有摄像机都能清楚地拍摄到该物体。

（　　）逐一地对每台摄像机进行设置，将每台摄像机依次对准参考物，然后进入白平衡设置界面。

（　　）如果手动设置白平衡，就需要按照相同的操作流程在每台摄像机上进行设置，确保输入的参数或记录的参考物信息完全一致。

2. 根据多机位活动视频录制中摄像机白平衡调节的步骤，手动调节 4 台摄像机的白平衡参数，填写表 3-4-16。

表 3-4-16 多机位活动视频录制中摄像机白平衡参数记录单

| 序号 | 机位 | 白平衡数值 |
|---|---|---|
| 1 | A | |
| 2 | B | |
| 3 | C | |
| 4 | D | |

## 九、演练多机位活动视频录制运动镜头的拍摄

### （一）探究多机位活动视频录制运动镜头的拍摄技巧

1. 合理运用运动镜头，可以让观众感受到更强烈的身临其境之感，提升观看体验。观看“多机位活动视频录制中运动镜头的解析”相关视频素材，提炼并总结多机位活动视频录制中运动镜头的拍摄技巧，完成以下问题。

（1）在多机位活动视频录制过程中，拍摄推拉镜头需要调节摄像机的________，拍摄摇镜头需要调节____________。在运动镜头的拍摄过程中，确保画面推拉速度均匀的方法是______________。

（2）【单选】下列能实现快速推拉镜头的是（　　）。

A. 调低云台阻尼　B. 使用电控变焦　C. 使用手控变焦　D. 调高云台阻尼

（3）【单选】下列能实现快速摇镜头的是（　　）。

A. 调低云台阻尼　B. 使用电控变焦　C. 使用手控变焦　D. 调高云台阻尼

2. 根据多机位活动视频录制机位图中的画面构图要求，试用多机位活动视频录制运动镜头的拍摄技巧，操作摄像机拍摄运动镜头，拍摄结束后回放视频素材，记录并思考拍摄过程中存在的问题。

________________________________________

________________________________________

### （二）演练多机位活动视频录制运动镜头的拍摄

分析运动镜头拍摄存在的问题，提出解决办法。根据解决办法，再次进行运动镜头的拍摄演练，填写表 3-4-17。

表 3-4-17 运动镜头拍摄演练记录单

| 序号 | 拍摄问题 | 解决办法 | 问题是否解决 |
|---|---|---|---|
| 1 | | | □是　□否 |
| 2 | | | □是　□否 |

续表

| 序号 | 拍摄问题 | 解决办法 | 问题是否解决 |
| --- | --- | --- | --- |
| 3 | | | □是　□否 |
| 4 | | | □是　□否 |
| 5 | | | □是　□否 |
| 6 | | | □是　□否 |

## 十、演练多机位活动视频同步录制

### (一)明确多机位录制的标准

1. 多机位同步录制能避免反复拍摄不同角度的烦琐，一次性获取多个视角的素材。阅读信息页中的“多机位活动视频录制的标准与要点”相关资料，总结多机位同步录制的标准，完成以下问题。

(1)多机位同步录制的标准如下：多台摄像机______按下录制键或暂停键，录制期间，各机位不能停止录制，其目的是______________________________，同时，__________________________________________。

(2)【单选】在多机位活动视频录制中，时间同步的主要目的是(　　)。

A. 使画面更为美观　　B. 保证画面和声音的同步性

C. 方便后期剪辑时快速找到素材　　D. 提高视频的分辨率

(3)【单选】(　　)可能是多机位录制时时间不同步导致的。

A. 画面播放不流畅　　B. 画面色彩不一致

C. 画面切换时不连贯　　D. 音频音量不一致

(4)【单选】在多机位活动视频录制中，如果各机位的声音不同步，可能会出现(　　)现象。

A. 画面播放卡顿

B. 声音忽大忽小

C. 不同机位声音有明显的时间差

D. 画面分辨率不一致

2. 梳理多机位同步录制的要求，总结多机位同步录制的要点，填写表 3-4-18。

表 3-4-18 多机位同步录制要点分析

| 序号 | 多机位同步录制要点 | 多机位同步作用 |
| --- | --- | --- |
| 1 | 时间码同步 | |
| 2 | 声音同步 | |

## （二）模拟演练多机位活动视频同步录制

1. 根据多机位同步录制技巧操作摄像机，进行多机位同步录制模拟演练，演练期间请仔细听取教师发出的录制和暂停指令，根据规定的反馈顺序，及时向教师反馈开关机情况。录制结束后，观看个人演练过程视频，总结演练过程中存在的问题。

多机位同步录制模拟演练问题记录：

（1）____________________

（2）____________________

（3）____________________

（4）____________________

（5）____________________

2. 根据同步录制模拟演练过程总结的问题，提炼问题的关键词，根据个人理解，分析问题出现的原因及对应的解决办法，填写表 3-4-19。

表 3-4-19　　同步录制模拟演练问题分析

| 序号 | 问题描述 | 问题产生的原因 | 解决办法 |
| --- | --- | --- | --- |
| 1 | | | |
| 2 | | | |
| 3 | | | |
| 4 | | | |
| 5 | | | |

## 十一、现场录制多机位活动视频

### （一）明确与导播沟通的要点

良好的沟通可以更好地协调各机位之间的配合，使得整个录制过程更加流畅、有序，避免出现混乱或冲突现象。阅读信息页中的“现场录制过程中与导播沟通的要点”相关资料，明确录制过程中与导播沟通的内容，完成以下问题。

1. 进行多机位活动视频现场录制时，沟通的表达应__________、准确清晰且具有________。

2. 摄像师要尊重导播指令，同时要有整体意识，并且要保持______和耐心。

3.【单选】当导播发出指令后，应（　　）。

A. 立即执行，之后再反馈

B. 先质疑指令，确认后再执行

C. 稍作思考，然后执行

D. 等待一段时间再执行

4.【单选】导播要求切换到某个机位，摄像师应回答（　　）。

A.“好的，马上切换。”　　B.“这个机位不太好。”

C.“等我一下。”　　D.“为什么要切换到这个机位？”

5.【单选】当电池电量不足、需要更换电池时，与导播沟通时的表达方式是（　　）。

A.“换电池。”

B.“1 号机换电池。”

C.“导播，1 号机电量不足，需要更换电池。”

D.“导播，我想换电池。”

## （二）试用沟通要点与导播进行沟通

根据多机位同步录制演练、现场录制模拟演练、运动镜头演练的一系列要求操作摄像机，完成多机位现场同步录制。录制期间应遵守安全操作规范，遵守活动现场秩序。录制结束后，及时向导播汇报录制结果。

## （三）现场录制多机位活动视频

1. 结合现场录制，模拟演练过程，根据教师要求的多机位活动视频录制的开展方式，完成多机位活动视频的现场录制，总结录制中存在的问题，填写在下方横线上。

________________________________________

________________________________________

2. 探究“与人合作”的内涵，反思录制过程中的表现。

（1）在与他人合作过程中，能从伙伴身上学习到不同的技能、经验和观点，促进自身成长。阅读信息页中的“通用素养中与人合作的解读”相关资料，探究“与人合作”的素养与内涵，阐述个人观点，并记录师生共同讨论的结果。

个人观点：________________________________

________________________________________。

师生讨论结果：______________________________

________________________________________。

（2）根据“与人合作”素养的内涵，反思在演练过程中“与人合作”的表现，记录个人思考，同时听取并记录师生给出的改进建议。

“与人合作”的表现：__________________________

________________________________________。

改进建议：________________________________

________________________________________。

3. 阅读下方案例，结合各小组的多机位活动视频现场录制情况，学习案例中的优点并思考案例中存在的问题，完成以下问题。

案例一：在一场重要的多机位音乐会录制现场，中途灯光设备突然出现故障，部分区域光线明显变暗。负责该区域的摄像师 A 凭借敏锐的观察力迅速发现了这一问题。他立刻判断出这是灯光设备的突发故障，而非拍摄角度或其他因素导致。摄像师 A 没有慌乱，展现出灵活的应变能力。他迅速调整了摄像机的参数，增加感光度以保证画面的亮度，并及时与导播沟通，告知有关情况。同时，该摄像师 A 利用资源整合能力，协调现场的其他工作人员，暂时借用了一些辅助照明设备，改善了拍摄区域的光线条件。在整个过程中，摄像师 A 与其他机位的摄像师保持良好的团队协作，并相互配合，调整拍摄角度和景别，确保画面的连贯性和整体效果。录制结束后，摄像师 A 对此次问题进行了总结反思，为今后避免类似情况发生积累了经验。

案例二：在一次多机位的体育赛事录制中，摄像师 B 负责的机位画面出现了明显的抖动。然而，摄像师 B 一开始并未留意到这个问题。当导播提醒该摄像师时，他没有迅速分析出是自己手持摄像机不稳导致的，且误认为是设备故障。摄像师 B 在应对时显得手足无措，没有及时想到使用稳定器或者寻找支撑点来解决抖动问题，也没有与其他机位的摄像师和导播进行有效的沟通和协作，最终导致这一机位录制的画面质量严重受损，影响了整个录制的效果。

（1）在案例一中，摄像师 A 成功解决问题的关键因素是什么？请写在下方横线上。

______________________________

______________________________

______________________________

______________________________

______________________________

（2）在案例二中，可以吸取哪些教训来提升解决问题的能力？请写在下方横线上。

______________________________

______________________________

______________________________

______________________________

______________________________

4. 完成本环节学习任务后，根据多机位活动视频录制任务考核方案，采用自评、组间配对互评与师评相结合的多元评价方式，对录制过程中的设备操作进行评价，填写表 3–4–20。

表 3–4–20　“多机位活动视频录制设备操作”考核项目评价表

组别：

本考核项目占学习任务考核总分的 30%，可按 30 分计算

| 评分项目 | 得分（自评占比 30%、组间配对互评占比 30%、师评占比 40%） | | | | | | |
| --- | --- | --- | --- | --- | --- | --- | --- |
| | 自评 | 组间配对互评（学生姓名） | | | | | 师评 |
| | | | | | | | |
| 1. 摄像机位置选择合理，能满足拍摄需求及视角要求，安装牢固，三脚架调整规范无晃动，计 6 分；位置不当、安装不稳、三脚架调整不规范，每项扣 2 分 | | | | | | | |

续表

<table>
<tr><th rowspan="3">评分项目</th><th colspan="8">得分（自评占比 30%、组间配对互评占比 30%、师评占比 40%）</th></tr>
<tr><th rowspan="2">自评</th><th colspan="6">组间配对互评（学生姓名）</th><th rowspan="2">师评</th></tr>
<tr><th></th><th></th><th></th><th></th><th></th><th></th></tr>
<tr><td>2. 白平衡调节准确，画面无明显偏色，曝光、对焦参数合适准确，帧率和分辨率符合要求，计 6 分；参数设置有误，每项扣 2 分</td><td></td><td></td><td></td><td></td><td></td><td></td><td></td><td></td></tr>
<tr><td>3. 推、拉、摇、移等运动操作平稳流畅，速度均匀，起幅、落幅、构图准确，拍摄中焦点保持准确，计 6 分；出现卡顿颠簸、速度不当、构图不准、焦点不实，每项扣 2 分</td><td></td><td></td><td></td><td></td><td></td><td></td><td></td><td></td></tr>
<tr><td>4. 多机位开机时间同步，机位切换顺畅，计 6 分；开机不同步、切换不顺畅，每项扣 3 分</td><td></td><td></td><td></td><td></td><td></td><td></td><td></td><td></td></tr>
<tr><td>5. 对导播指令响应及时，准确理解并执行，与其他机位配合默契，按要求调整拍摄内容和方式，计 6 分；响应不及时、执行有误、配合不佳，每项扣 2 分</td><td></td><td></td><td></td><td></td><td></td><td></td><td></td><td></td></tr>
<tr><td>汇总得分</td><td colspan="8"></td></tr>
</table>

# 学习环节五 过程控制

## 学习目标

1. 能根据合同要求、企业质量体系管理制度及《中华人民共和国著作权法》等相关法律法规，采用多机位录制视频素材的检验方法，对素材进行核查、存储并备份，确保多台设备录制的素材同步且完整。

2. 能对摄像机及相关设备进行保养、验收并归还。

3. 能按照工作过程和内容对视频素材进行归档整理，完成视频素材的命名、存储和归档工作，确保日后素材查找、调取、使用的高效性。

## 建议学时

6 学时

## 学习要求

| 序号 | 学习步骤 | 学习内容 | 学时 | 备注 |
| --- | --- | --- | --- | --- |
| 1 | 检查、存储并备份多机位活动视频录制素材 | 1. 多机位活动视频录制素材的检查方法（理论）<br>2. 爱岗敬业的劳动精神（素养） | 2 | |
| 2 | 检查并归还多机位活动视频的录制设备 | 1. 摄像机的保养（理论）<br>2. 严谨求实的劳动精神（素养） | 2 | |
| 3 | 整理归档并交付多机位活动视频录制素材 | 用于视频文件的标签编号法、归类的资料归类整理法（理论） | 2 | |

# 一、检查、存储并备份多机位活动视频录制素材

## （一）检查录制完成的多机位活动视频素材

1. 多机位活动视频录制素材的检查是交付前的关键工作，做好素材的检查，能有效地提高影片的后期制作效率。阅读信息页中的“多机位活动视频录制素材检查的重要性与方法”相关资料，明确多机位拍摄的视频素材的检查方法，完成以下问题。

（1）检查时，要根据前序任务（单机位口播视频的录制和双机位访谈视频的录制）中的________________________________________________输出检验方法，分别对 4 台摄像机拍摄的素材进行检查，同时，还要对各机位素材的______进行检查。

（2）对多机位视频素材进行同步性检查包括__________和__________。对多机位录制的素材进行音频同步性检查时，可以通过选取视频素材中的________________，作为各机位音频是否同步的参考片段，进行音频同步性检查。

（3）对多机位录制的素材进行视频同步性检查时，可以通过观察视频素材中的__________，如人物______、物体______等，来检查不同机位的素材是否同步录制。

（4）对多机位录制的视频素材进行检查时，需要在视频素材的开头和结尾分别选取一个片段，进行音频和视频的同步性检查，根据相关要求，观看已录制的视频素材，对检查的片段进行内容描述，填写表 3-5-1。

表 3-5-1 多机位活动视频录制素材同步性检查方法分析

| 视频片段 | 检查项目 | 素材片段内容描述 | 检查方法 |
|---|---|---|---|
| 片段 1 | 音频 | | 检查 4 个机位的音频素材是否包含该片段的内容 |
| | 视频 | | 检查 4 个机位的视频素材是否包含该片段的内容 |
| 片段 2 | 音频 | | 检查 4 个机位的音频素材是否包含该片段的内容 |
| | 视频 | | 检查 4 个机位的视频素材是否包含该片段的内容 |

注：素材片段的音频需要填写所选片段中录制对象说的某一段话，同时对该片段中录制对象的人物动作进行描述。

2. 多机位视频录制属于纪实类影片录制，不能进行二次补录，因此，在检查出素材存在的问题后，需要将问题素材的________以及对应______和__________进行相应的记录，并交付项目主管，目的是提高后期制作人员的剪辑效率。

3. 根据多机位活动视频录制素材检查方法，观看已录制的视频素材，分别对单个素材的画面内容以及素材间的同步性进行检查，完成以下问题。

（1）分别对各机位的视频素材进行画面和内容检查，记录问题镜头或片段的时间码，并进行问题描述，填写表 3–5–2。

表 3–5–2　　多机位活动视频录制素材检查记录

| 序号 | 要素 | 是否合格 | 问题镜头或片段时间码 | 问题描述 |
|---|---|---|---|---|
| 1 | 构图 | □是　□否 | 分　　秒—　　分　　秒 | |
| 2 | 景别 | □是　□否 | 分　　秒—　　分　　秒 | |
| 3 | 曝光度 | □是　□否 | 分　　秒—　　分　　秒 | |
| 4 | 声音 | □是　□否 | 分　　秒—　　分　　秒 | |
| 5 | 内容完整度 | □是　□否 | 分　　秒—　　分　　秒 | |
| 6 | 意识形态 | □是　□否 | 分　　秒—　　分　　秒 | |

（2）根据多机位活动视频录制素材同步性检查方法，对选定的视频片段的音频和视频进行同步性检查，填写表 3–5–3。

表 3–5–3　　多机位活动视频素材同步性检查记录单

| 机位 | 视频片段 | 检查项目 | 是否同步 |
|---|---|---|---|
| 1 号机 | 片段 1 | 音频 | □是　□否 |
| | | 视频 | □是　□否 |
| | 片段 2 | 音频 | □是　□否 |
| | | 视频 | □是　□否 |
| 2 号机 | 片段 1 | 音频 | □是　□否 |
| | | 视频 | □是　□否 |
| | 片段 2 | 音频 | □是　□否 |
| | | 视频 | □是　□否 |
| 3 号机 | 片段 1 | 音频 | □是　□否 |
| | | 视频 | □是　□否 |
| | 片段 2 | 音频 | □是　□否 |
| | | 视频 | □是　□否 |
| 4 号机 | 片段 1 | 音频 | □是　□否 |
| | | 视频 | □是　□否 |
| | 片段 2 | 音频 | □是　□否 |
| | | 视频 | □是　□否 |

## （二）存储并备份多机位活动视频录制素材

1. 根据前序任务中的视频素材存储备份的方法，对检查后的多机位活动视频录制素材进行存储备份，梳理素材管理的要求，填写图 3-5-1。

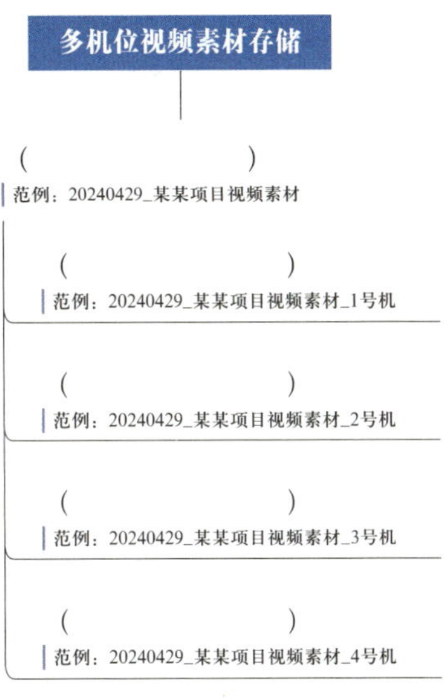


图 3-5-1　多机位视频素材存储

2. 阅读信息页中的“多机位视频录制素材复制管理中的爱岗敬业的内涵解读”相关资料，结合本次多机位活动视频录制素材的复制与管理，完成以下问题。

（1）在多机位活动视频录制的素材复制管理工作中，如何通过具体行动体现“爱岗”？

______________________________________________

______________________________________________

______________________________________________

______________________________________________

______________________________________________

（2）若在素材复制管理中遇到存储设备性能不佳的情况，应如何以“敬业”的态度来处理？

______________________________________________

______________________________________________

______________________________________________

______________________________________________

______________________________________________

______________________________________________

## 二、检查并归还多机位活动视频的录制设备

1. 根据多机位活动视频录制任务“实施计划”环节中的表 3–4–2 所示摄像机保养操作要点，选用合适的保养工具对摄像机进行外观清洁，记录保养内容和保养结果，填写表 3–5–4。

表 3–5–4　　摄像机保养记录单

| 保养项目 | 保养工具 | 保养内容 | 保养结果 |
|---|---|---|---|
| 机身 | | | □已保养　□未保养 |
| 镜头 | | | □已保养　□未保养 |
| 取景器 | | | □已保养　□未保养 |
| 麦克风 | | | □已保养　□未保养 |
| 存储卡卡槽 | | | □已保养　□未保养 |
| 电池 | | | □已保养　□未保养 |
| 操作人： | | | 日期： |

注：对于有特殊原因不能正常保养的项目，需填写情况说明，并与设备管理人员进行沟通确认。

2. 根据多机位活动视频录制任务“实施计划”环节的表 3–4–5 所示摄像机及附件的检查要点和表 3–4–8 所示摄像机功能调试要点分析，分别对设备的外观及功能进行检查与调试，根据设备的检查与调试结果，与设备管理员确认，归还录制设备，填写表 3–5–5。

表 3–5–5　　设备入库单

| 入库单号 | 设备名称 | 设备型号 | 数量 | 设备是否存在问题 | 验收人 |
|---|---|---|---|---|---|
| | | | | □是　□否 | |
| | | | | □是　□否 | |
| | | | | □是　□否 | |
| | | | | □是　□否 | |
| | | | | □是　□否 | |
| | | | | □是　□否 | |
| 交还人： | | | 日期： | | |
| 设备问题处理记录： | | | | | |

## 三、整理归档并交付多机位活动视频录制素材

### （一）整理多机位活动视频录制项目资料

根据资料归类整理法，总结并记录多机位活动视频录制任务资料整理的要点，整合项目资料，创建多机位活动视频录制项目文档并进行分类，完成图 3–5–2。

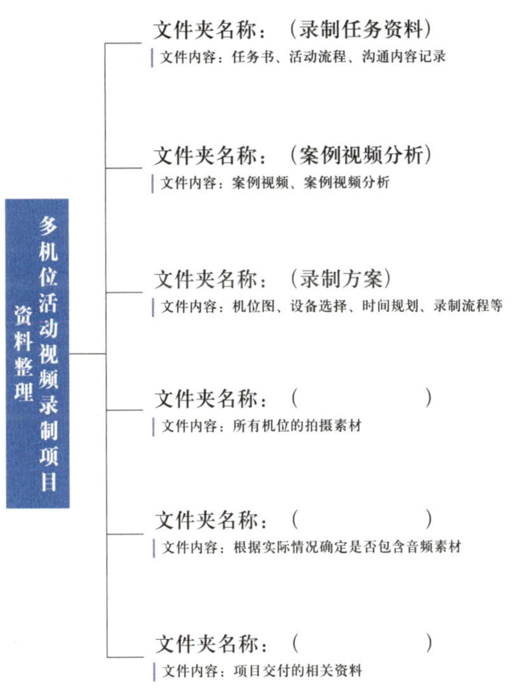


图 3–5–2　多机位活动视频录制项目资料整理

### （二）交付多机位活动视频录制素材

1. 根据表 3–1–1 所示多机位活动视频录制任务关键信息提取，将素材交付给项目主管（教师），填写表 3–5–6。

表 3–5–6　　项目交付确认单

<table>
<tr><td colspan="2">项目名称</td><td colspan="2">交付内容</td><td>交付日期</td></tr>
<tr><td colspan="2"></td><td colspan="2"></td><td></td></tr>
<tr><td>交付方</td><td colspan="2"></td><td>交付方式</td><td></td></tr>
<tr><td rowspan="2">接收方</td><td rowspan="2" colspan="2"></td><td>验收结果</td><td>□合格　□不合格　□部分合格　□待定</td></tr>
<tr><td>验收人签字</td><td></td></tr>
<tr><td colspan="3">交付方签字确认：</td><td colspan="2">接收方签字确认：</td></tr>
</table>

2. 完成本环节学习任务后，根据多机位活动视频录制任务考核方案，采用自评、组间配对互评与师评相结合的多元评价方式，对已交付的多机位活动视频录制素材进行评价，填写表 3-5-7。

表 3-5-7　　“多机位活动视频录制素材”考核项目评价表

组别：

本考核项目占学习任务考核总分的 20%，可按 20 分计算

| 评分项目 | 得分（自评占比 30%、组间配对互评占比 30%、师评占比 40%） | | | | | | |
|---|---|---|---|---|---|---|---|
| | 自评 | 组间配对互评（学生姓名） | | | | | 师评 |
| | | | | | | | |
| 1. 时间码准确同步，音频同步无延迟、杂音，画面帧率统一稳定，计 4 分；出现时间码不同步、音频问题、帧率不稳，每项扣 1 ~ 2 分 | | | | | | | |
| 2. 画面构图合理，突出主体且布局协调；色彩正常，还原真实；清晰度高，少模糊噪点，计 4 分；构图、色彩、清晰度存在问题，每项扣 1 ~ 2 分 | | | | | | | |
| 3. 内容紧扣活动主题，涵盖关键环节；氛围与主题相符，情感表达增强主题表现力，计 4 分；内容偏离、氛围不符、情感表达不当，每项扣 1 ~ 2 分 | | | | | | | |
| 4. 景别切换与方案一致，安排合理；拍摄角度符合规划，视角合适；时长分配与方案一致，计 4 分；景别、角度、时长不符合要求，每项扣 1 ~ 2 分 | | | | | | | |
| 5. 开头、中间、结尾完整连贯；包含重要场景环节，无关键内容遗漏；素材连贯无断层，计 4 分；完整性、内容涵盖、连贯性存在问题，每项扣 1 ~ 2 分 | | | | | | | |
| 汇总得分 | | | | | | | |

# 学习环节六　评价反馈

## 学习目标

能对任务过程进行复盘，进行总结、反思并完成展示与汇报。

## 建议学时

4 学时

## 学习要求

| 序号 | 学习步骤 | 学习内容 | 学时 | 备注 |
|---|---|---|---|---|
| 1 | 总结多机位活动视频录制的核心技能要点 | 1. 多机位活动视频录制任务的复盘（实践）<br>2. 多机位活动视频录制的技术要点梳理（实践） | 2 | |
| 2 | 展示与汇报多机位活动视频录制 | 1. 展示与汇报演示文稿提纲的制定（实践）<br>2. 可持续发展意识（素养）<br>3. 与人交流的能力（素养） | 2 | |

### 一、总结多机位活动视频录制的核心技能要点

#### （一）回顾多机位活动视频录制任务各环节工作内容

回顾多机位活动视频录制的工作流程，梳理任务各环节对应的技术点，完成以下问题。

1. 本次多机位活动视频录制任务的流程有__________、__________、__________、__________、__________。

2. 回顾“获取信息”环节，梳理工作内容，填写图 3–6–1 所示多机位活动视频的录制任务流程思维导图 1。

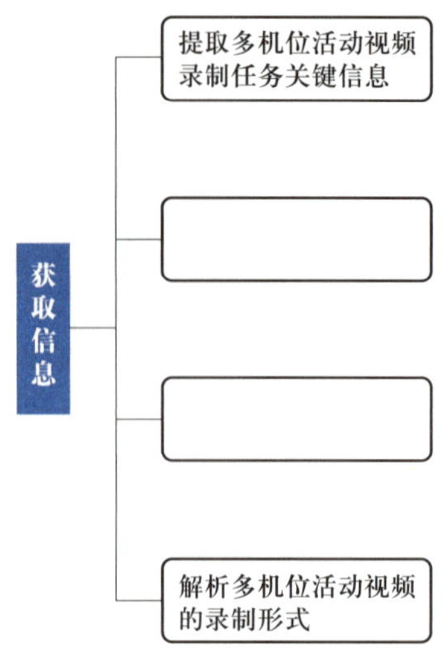

图 3-6-1　多机位活动视频的录制任务流程思维导图 1

3. 回顾“制订计划”环节，梳理工作内容，填写图 3-6-2 所示多机位活动视频的录制任务流程思维导图 2。

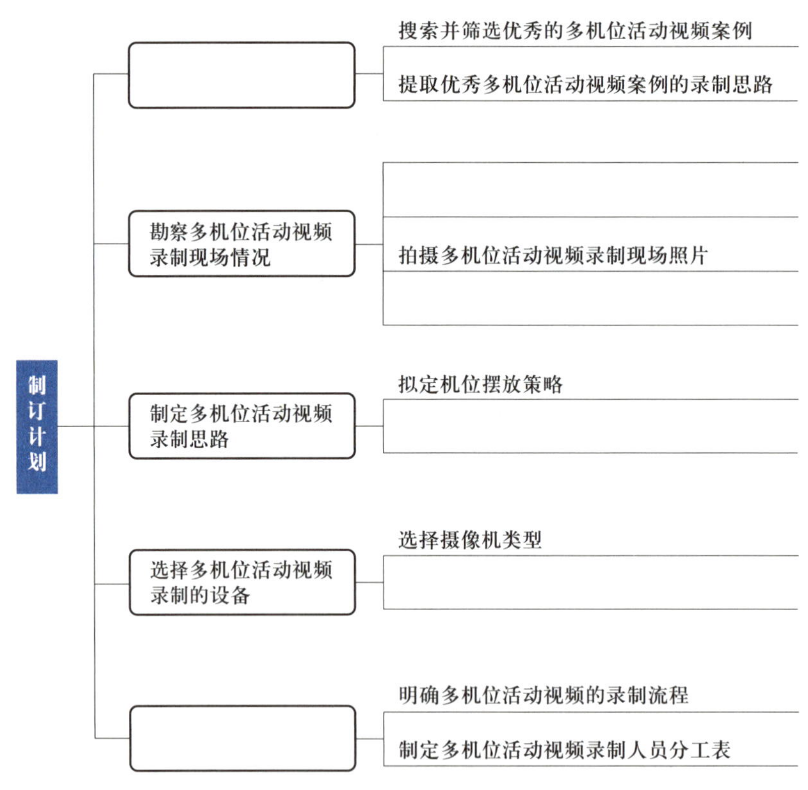

图 3-6-2　多机位活动视频的录制任务流程思维导图 2

4. 回顾“做出决策”环节，梳理工作内容，填写图 3-6-3 所示多机位活动视频的录制任务流程思维导图 3。

图 3-6-3　多机位活动视频的录制任务流程思维导图 3

5. 回顾“实施计划”环节，梳理工作内容，填写图 3-6-4 所示多机位活动视频的录制任务流程思维导图 4。

实施计划

- （　　　）
  - 保养摄像机
  - 明确摄像机安全操作要点
- （　　　）
  - 填写设备领用单
  - 领取并检查摄像机及附件
  - 安装摄像机及附件
- （　　　）
  - 解析摄像机功能
  - 调试并检查摄像机功能
  - 架设多机位摄像机
- （　　　）
  - 总结摄像机基础参数调节方法
  - 调节并统一多机位摄像机基础参数
- （　　　）
  - 分析摄像机曝光控制方法
  - 调节摄像机曝光参数
- （　　　）
  - 明确摄像机画面的调节方法
  - 调节摄像机画面景别和构图
- （　　　）
  - 总结摄像机白平衡的调节方法和要点
  - 调节并统一摄像机白平衡
- （　　　）
  - 探究多机位活动视频录制运动镜头的拍摄技巧
  - 演练多机位活动视频录制运动镜头的拍摄
- （　　　）
  - 明确多机位录制的标准
  - 模拟演练多机位活动视频同步录制
- （　　　）
  - 明确与导播沟通的要点
  - 试用沟通要点与导播进行沟通
- 现场录制多机位活动视频
  - 现场录制多机位活动视频

图 3-6-4　多机位活动视频的录制任务流程思维导图 4

6. 回顾“过程控制”环节，梳理工作内容，填写图 3-6-5 所示多机位活动视频录制任务流程思维导图 5。

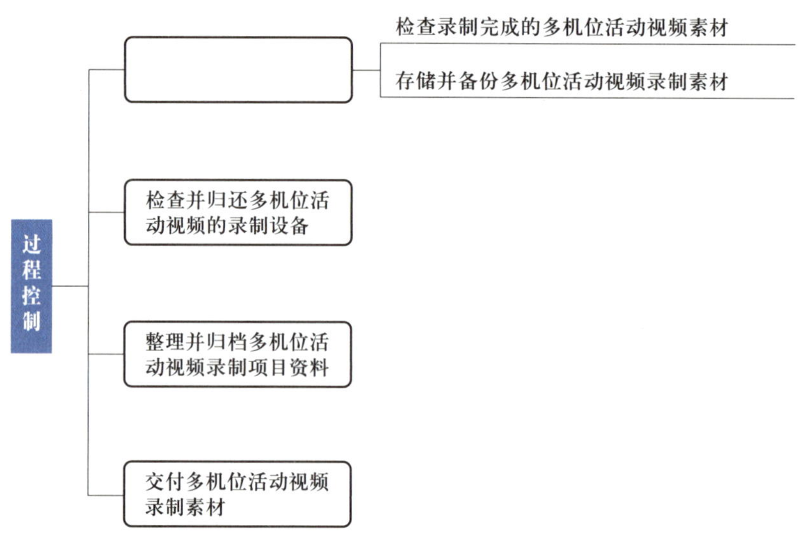


图 3-6-5　多机位活动视频的录制任务流程思维导图 5

## （二）总结多机位活动视频录制任务的核心技能要点

1. 回顾本任务的________环节，提取本环节需具备的核心技能，总结出现的问题和解决措施，填写表 3-6-1。

表 3-6-1　多机位活动视频录制机位摆放策略要点总结

| 技术要点 | 完成情况 | |
|---|---|---|
| 【多机位活动视频录制机位摆放策略】<br>①多机位活动视频录制的机位类型包括______、______、______、______、______、______<br>②机位摆放要点<br>要点 1：合理安排机位位置，避免机位的重叠或______<br>要点 2：如果机位需要运动，应提前规划好______，确保有足够的空间且不影响其他机位和人员<br>要点 3：要考虑场地的实际____和____，确保机位设置的可行性<br>要点 4：摇臂机位对摄像机架设____的要求较高，一般在______的室外或______的室内架设摇臂 | 【完成情况】<br>①本次录制选择的机位类型为<br>□主机位　□侧机位　□观众机位　□运动机位　□摇臂机位　□背景机位<br>②机位摆放要点<br>完成要点 1：□是　□否<br>完成要点 2：□是　□否<br>完成要点 3：□是　□否<br>完成要点 4：□是　□否<br>③各机位拍摄内容要求<br>是否满足要求 1：<br>□是　□否<br>是否满足要求 2：<br>□是　□否 | 【出现的问题】<br>根据完成情况，总结本次录制策略存在的问题有哪些<br><br>【解决措施】<br>根据出现的问题，简要说明你是如何解决的 |

续表

| 技术要点 | 完成情况 | |
|---|---|---|
| ③各机位拍摄内容要求<br>要求1：明确活动中的＿＿＿＿＿和重点表现的部分，确保机位能＿＿＿＿＿<br>要求2：确保每个机位的＿＿＿＿＿，不会出现遗漏＿＿＿＿＿的情况<br>④画面构图<br>要确保不同机位能提供多样化的＿＿＿和＿＿＿，如全景、中景、近景等，以丰富画面内容 | ④画面构图<br>本次录制制定的策略中，采用的景别有<br>□远景　□全景　□中景<br>□近景　□特写 | |

**【迁移练习】– 多机位发布会活动视频录制机位摆放策略**

根据多机位活动视频录制机位摆放策略关键要点，结合提供的相关资料，拟定一套多机位发布会活动视频录制机位摆放策略。

（1）活动主题：

（2）机位数量：

（3）发布会现场数据：

长：25 m

宽：10 m

舞台长：7 m

舞台宽：5 m

舞台高：0.5 m

（4）录制对象特征描述

**【人物1】**

职务：某科技公司产品经理

姓名：张总

性别：男

人物位置或活动范围：发布会全程在舞台上，期间可能会在舞台上左右走动

**【人物2】**

职务：某科技公司董事长

姓名：某某某

性别：男

人物位置或活动范围：在舞台下方正中间就座，全程不会离开座位，发布会开始介绍领导及嘉宾时，会重点介绍该领导。

**【人物3】**

职务：发布会主持人

姓名：某某某

性别：男

人物位置或活动范围：在舞台左侧发言席，活动期间不移动位置

续表

机位摆放策略

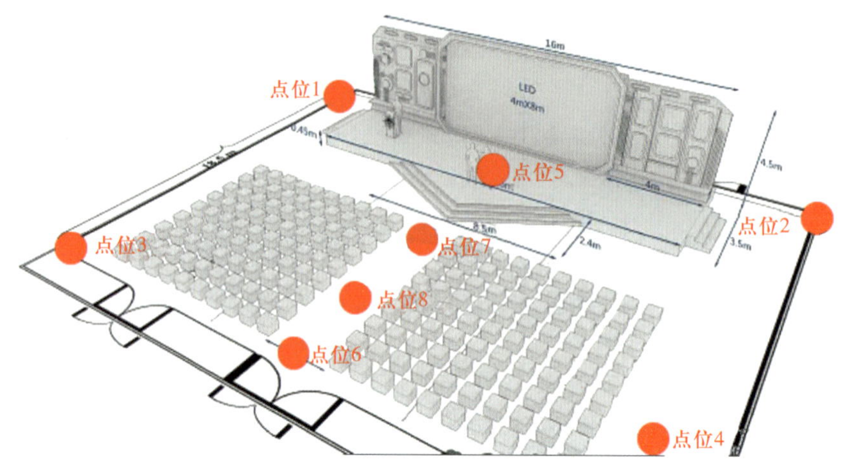


| 机位类型 | 点位 | 录制范围 | 录制内容描述 | 景别 |
|---|---|---|---|---|
| | | | | |
| | | | | |
| | | | | |
| | | | | |
| | | | | |
| | | | | |
| | | | | |
| | | | | |

2. 回顾本任务的__________环节，提取本环节需具备的核心技能，总结出现的问题和解决措施，填写表 3–6–2。

表 3–6–2　多机位活动视频录制摄像机安装与调试要点总结

| 技术要点 | 完成情况 |
|---|---|
| **【摄像机的安装与调试】**<br>①安装快装板时，首先应将______拧紧，以防止________松动，再打开快装板的__________，将快装板按照正确的方向推入三脚架，检查三脚架的锁定装置是否______ | **【摄像机的安装与调试】**<br>①是否正确安装快装板：□是　□否<br>②是否正确架设机位：□是　□否 |

续表

| 技术要点 | 完成情况 |
| --- | --- |
| ②在多机位活动视频录制现场架设机位的步骤是_______________、____________、____________<br>③摄像机基础参数需统一设置的是______、________、_______、__________<br>④摄像机画面曝光调节的要素包括______、__________、________、__________ | ③是否统一摄像机基础参数：□是　□否<br>④是否准确调节摄像机画面曝光：□是　□否 |

【问题及解决措施】

在本次摄像机的安装与调试过程中，出现的问题是____________________________，解决的措施是________________________________________________

3. 回顾本任务的__________环节，提取本环节需具备的核心技能，总结出现的问题和解决措施，填写表 3-6-3。

表 3-6-3　　多机位活动视频录制现场沟通要点总结

| 沟通要点 | 沟通情况 |
| --- | --- |
| **【摄像师与导播的沟通要点】**<br>①在现场录制过程中，摄像师与导播沟通时应做到简洁明了、__________、__________、__________、__________、保持冷静、确认理解、关注整体、礼貌耐心<br>②在录制过程中，除根据导播的指令进行画面调整外，摄像师还应根据特定情况，主动与导播沟通，具体包括__________、__________、场景转换、__________、人员位置、__________、__________ | **【摄影师与导播的沟通情况总结】**<br>①根据沟通要点，回顾现场录制过程，你做了哪几点？<br>______________________________<br>______________________________<br>②在录制过程中，你是否主动与导播沟通？沟通的内容是什么？<br>______________________________<br>______________________________ |

【问题及解决措施】

在本次录制与导播的沟通过程中，出现的问题是__________________________，解决措施是______________________________________________

通过与导播沟通，解决了录制中的哪些问题？____________________________________

4. 回顾本任务的__________环节，提取本环节需具备的核心技能，总结出现的问题和解决措施，填写表 3-6-4。

表 3-6-4　　多机位活动视频录制素材的检查要点总结

| 完成情况 | 技术要点 |
| --- | --- |
| 多机位活动视频录制素材的检查□ | **【摄像机的安装与调试】**<br>①多机位活动视频素材同步性检查包括______和______<br>②多机位活动视频录制的素材在做音频同步性检查时，可以通过选取视频素材中的________内容，作为各机位音频是否同步的参考片段，进行音频同步性检查<br>③多机位活动视频录制的素材在做视频同步性检查时，可以通过观察视频素材中的______，如人物____、物体____等，来检查不同机位的素材是否同步录制 |

**【具体做法】**

在本次多机位活动视频录制素材的检查中，挑选的片段是________________，选择的理由是____________________

## 二、展示与汇报多机位活动视频录制

### （一）制作多机位活动视频录制任务展示与汇报演示文稿

1. 在进行多机位活动视频录制的展示与汇报时，通过课件演示，能更加直观地呈现关键内容，易于讲解且便于分享。阅读信息页中的“多机位活动视频录制展示与汇报的重要性及内容解析”相关资料，完成以下问题。

（1）多机位活动视频录制的总结与汇报使用演示文稿展示的方法，具备其特定的优势和特点，梳理演示文稿展示与汇报的优势，完成下方填空。

①互动性增强　②审美与创意展示　③数据直观化　④团队协作体现　⑤问题与解决方案梳理　⑥案例展示　⑦技术细节强调　⑧流程展示　⑨对比分析　⑩全景呈现

（　　）可以用不同页面分别展示各个机位的视角、拍摄场景等，让观众全面了解录制的整体情况。

（　　）方便对不同机位的效果、画面质量等进行直观对比，突出各自特点和优势。

（　　）清晰地呈现从前期准备到录制过程再到后期处理的整个流程，使观众对整个录制过程有更系统的认识。

（　　）通过图片、图表等展示录制所使用的技术、设备、参数设置等关键细节，体现专业性。

（　　）生动展示实际录制的精彩片段或典型案例，更具说服力地说明录制成果。

（　　）有条理地呈现录制中遇到的问题以及相应的解决措施，便于经验总结和交流。

（　　）可以展示不同岗位人员在项目中的协作情况，强调团队的力量。

（　　）将录制的时长、素材数量等数据以直观的图表形式展示，增强数据的可读性。

（　　）体现视频录制在画面构图、色彩运用等方面的审美和创意追求。

（　　）在展示过程中，可以根据演示文稿内容，与观众进行更有针对性的互动和讨论。

（2）【多选】下列（　　）是多机位活动视频录制时展示与汇报演示文稿的提纲内容。

A. 录制过程总结　　B. 成果展示　　C. 遇到的问题与解决方案

D. 录制思路总结　　E. 设备使用情况总结

（3）录制过程总结主要包括对__________进行总结、对__________进行总结、对__________进行总结。

（4）将标题级别前的编号填写在演示文稿内容前面的括号中。

①一级标题　②二级标题

（　　）录制思路总结（　　）机位图展示（　　）录制策略展示

（　　）录制过程总结（　　）人员分工情况（　　）各机位画面展示

（　　）设备使用情况总结（　　）摄像机的安装（　　）摄像机参数的调节

（　　）现场录制的沟通（　　）机位架设与录制思路的匹配情况

（　　）录制成果展示（　　）固定机位画面展示（　　）运动机位画面展示

（　　）遇到的问题与解决方案（　　）遇到的问题（　　）解决方案

2. 根据多机位活动视频录制展示与汇报演示文稿的提纲内容，查阅信息页中的“多机位活动视频录制演示文稿制作大纲解析”相关资料，结合实施计划过程中的要点和成果，制作展示与汇报演示文稿。

## （二）进行多机位活动视频录制的展示与汇报

1. 掌握规范的汇报方法和要点，能帮助汇报者更有条理、更清晰地组织内容，避免遗漏重要信息，从而提升汇报的整体水平。阅读信息页中的“多机位活动视频录制展示与汇报全流程及要点”相关资料，完成以下问题。

（1）在进行多机位活动视频录制的总结、展示、汇报时，汇报内容要________，避免______的表述。

（2）在多机位活动视频录制的总结、展示、汇报中，________环节很关键，要预留时间给听众提问和交流，并积极回应。同时，汇报前要提前做好________工作，检查相关设备是否能正常运行。

（3）【单选】在多机位活动视频录制的总结、展示、汇报中，“成果展示”环节的主要目的是（　　）。

A. 播放精彩片段，突出多机位的丰富视角和流畅切换

B. 展示各个机位的设置位置和拍摄角度

C. 讲解技术标准的实现情况

D. 总结录制中的不足之处

（4）【单选】以下（　　）环节不是多机位活动视频录制的总结、展示、汇报的一部分。

A. “项目概述”　　B. “成果展示”　　C. “设备采购”　　D. “未来展望”

2. 根据展示与汇报的要求，调试展示与汇报的设备和软件，播放展示与汇报演示文稿，讲解汇报内容，并与教师和学生互动，记录并解答教师和学生提出的问题。

教师提问：____________________

解答：____________________

学生提问：____________________

解答：____________________

3. 具备可持续发展意识，能使团队在拍摄手法、内容创作、工作流程等方面不断创新，带来独特的价值和竞争优势，从而实现长期稳定的收益，确保可持续发展。阅读信息页中的“探究多机位活动视频录制的可持续发展内涵”相关资料，完成以下问题。

（1）在多机位活动视频录制中，为了实现技术创新，可以从哪些方面入手？请将答案填在横线上。

____________________

____________________

____________________

____________________

（2）对于多机位活动视频的录制，有哪些有效的方法来拓展客户群体？请将答案填在横线上。

____________________

____________________

____________________

____________________

____________________

____________________

____________________

____________________

4. 根据多机位活动视频的录制的展示与汇报演示文稿，采用自评、组间配对互评与师评相结合的多元评价方式，对汇报情况进行评价，完成考核项目评分，填写表 3-6-5。

表 3-6-5　“多机位活动视频录制演示文稿展示汇报”考核项目评价表

组别：

本考核项目占学习任务考核总分的 10%，可按 10 分计算

| 评分项目 | 得分（自评占比 30%、组间配对互评占比 30%、师评占比 40%） | | | | | | |
|---|---|---|---|---|---|---|---|
| | 自评 | 组间配对互评（学生姓名） | | | | | 师评 |
| | | | | | | | |
| 1. 页面布局合理，图文搭配协调，整体无杂乱感。字体、字号统一清晰，色彩搭配和谐。动画效果适度，切换自然流畅，模板选择恰当。设计符合要求，计 3 分；页面布局杂乱、字体色彩搭配失调、动画模板运用不当，每项扣 1 分 | | | | | | | |
| 2. 内容完整，涵盖主题相关的必要信息，计 2 分；信息缺失不完整，酌情扣 1 ~ 2 分 | | | | | | | |
| 3. 逻辑清晰，结构合理，有清晰的层次和条理。要点提炼准确，阐述清晰，并配有足够的支撑材料，计 3 分；逻辑混乱、要点提炼不准确、支撑材料不足，每项扣 1 分 | | | | | | | |
| 4. 要点之间过渡自然连贯，内容紧密围绕主题，无偏离主题的表述，计 2 分；过渡生硬、内容偏离主题，每项扣 1 分 | | | | | | | |
| 汇总得分 | | | | | | | |